U0269744

历史典型场次极端干旱事件

重建及重演影响研究

屈艳萍　吕娟　等著

中国水利水电出版社
www.waterpub.com.cn
·北京·

内 容 提 要

　　本书以历史典型场次极端干旱为研究对象，综合利用历史文献档案、水文气象数据、野外试验等多源数据，采取模型模拟与试验研究相结合的方法，系统地研究了历史典型场次极端干旱事件重建及重演技术方法。本书对于应对现在或未来可能出现的干旱巨灾风险，制定防灾备灾战略及政策具有重要的现实意义，可为保障我国防洪抗旱减灾事业稳步发展提供有力的科技支撑。

　　本书可供水文、气象、农业、自然灾害风险等专业的设计、科研、管理人员阅读，也可供相关专业的高校师生参考。同时，也能为抗旱减灾相关部门的决策者提供参考。

图书在版编目（CIP）数据

历史典型场次极端干旱事件重建及重演影响研究 /
屈艳萍等著. -- 北京：中国水利水电出版社，2021.12
　ISBN 978-7-5226-0416-9

　Ⅰ．①历… Ⅱ．①屈… Ⅲ．①旱灾－史料－研究－中国 Ⅳ．①P426.616

中国版本图书馆CIP数据核字（2022）第002337号

审图号：GS（2021）4634号

书　　名	**历史典型场次极端干旱事件重建及重演影响研究** LISHI DIANXING CHANGCI JIDUAN GANHAN SHIJIAN CHONGJIAN JI CHONGYAN YINGXIANG YANJIU
作　　者	屈艳萍　吕　娟　等著
出版发行	中国水利水电出版社 （北京市海淀区玉渊潭南路1号D座　100038） 网址：www.waterpub.com.cn E-mail：sales@waterpub.com.cn 电话：（010）68367658（营销中心）
经　　售	北京科水图书销售中心（零售） 电话：（010）88383994、63202643、68545874 全国各地新华书店和相关出版物销售网点
排　　版	中国水利水电出版社微机排版中心
印　　刷	天津嘉恒印务有限公司
规　　格	170mm×240mm　16开本　8.25印张　157千字
版　　次	2021年12月第1版　2021年12月第1次印刷
印　　数	001—800册
定　　价	**60.00元**

凡购买我社图书，如有缺页、倒页、脱页的，本社营销中心负责调换

版权所有·侵权必究

前　言

　　极端干旱是指发生范围广、持续时间长、受灾严重的干旱灾害事件。中国历史上曾多次发生极端干旱事件，例如明末崇祯大旱和清光绪初年大旱。旱灾不仅会对农业、社会经济发展产生严重影响，还会导致饥荒，乃至人口减少，更严重者会导致社会动荡。近年来，受全球气候变化的影响，未来发生连季、连年性的大范围极端干旱事件概率预计将进一步增大。当前，我国还没有制定应对大范围、长历时极端干旱事件的相关抗旱法规、规划、标准以及政策。在现有的社会经济发展状况下，一旦发生类似于历史时期的极端干旱事件，将对我国水资源、供水、粮食、经济安全造成无法估量的后果。因而，开展历史典型场次干旱事件重建及重演影响研究，对于应对现在或未来可能出现的干旱巨灾风险，制定防灾备灾战略及政策具有重要的现实意义。

　　本书分为上、下2篇，共12章。其中，上篇以清光绪初年山西大旱为例进行历史典型场次极端干旱事件重建研究，涉及书中第1~6章。第1章综述了历史旱涝事件重建研究现状；第2章简要介绍了研究区域及数据资料情况；第3章论述了清光绪初年山西大旱降水的重建方法与结果；第4章论述了清光绪初年山西大旱径流和土壤水的重建方法与结果；第5章从气象干旱、水文干旱、土壤干旱三个方面系统分析了清光绪初年山西大旱的时空演变过程；第6章论述了清光绪初年山西大旱灾情演变过程及其社会影响。下篇以明末崇祯大旱和清光绪初年大旱为例进行历史典型场次极端干旱事件重演影响研究，涉及书中第7~12章。第7章综述了历史典型场次极端干旱影响方面的研究现状；第8章详细介绍了历史典型场次极端干旱事件重演影响分析思路和方法；第9、10章分别系统地分析了明末崇祯大旱重演和清光绪初年大旱重演对水资源、供水、粮食及经济的影响；第 11 章结合三种不同的特大干旱设计情景，模拟分析了在现状水利工程条件下及不考虑调水工程和大中型水库年末蓄水条件下，不同干旱情景下的可能影响；第 12 章提出了特大干旱防御思路与对策建议。

本书的研究工作得到了国家重点研发计划课题"农业、城市、生态等不同承灾对象旱灾风险动态评估技术"（项目资助号：2017YFC1502404）、水利部水旱灾害防御战略研究人才创新团队项目（项目资助号：WHO145B042021）和中国水利水电科学研究院团队建设及人才培养类项目"历史典型场次极端干旱事件重建及重演研究"（项目资助号：JZ0145B752017）的共同资助。本书的撰写分工为：第 1 章由屈艳萍和吕娟执笔；第 2 章由李哲、张伟兵和廖丽莎执笔；第 3 章由屈艳萍、李哲、刘懿和王前锋执笔；第 4 章由李哲、张学君、常文娟和王前锋执笔；第 5 章由李哲、张学君、屈艳萍和常文娟执笔；第 6 章由苏志诚、张伟兵和马苗苗执笔；第 7 章由吕娟和屈艳萍执笔；第 8 章由屈艳萍、苏志诚、杨晓静和黄生志执笔；第 9 章由屈艳萍、苏志诚和杨晓静执笔；第 10 章由杨晓静、姜波和梁珂执笔；第 11 章由杨晓静、姜波、廖丽莎和张丹执笔；第 12 章由苏志诚、吕娟、高辉和张丹执笔。全书由屈艳萍和吕娟统稿。

由于编者水平有限，书中难免有不足和疏漏之处，敬请批评指正。

作者

2021 年 7 月

目　　录

下篇　历史典型场次极端干旱事件重演影响研究
——以明末崇祯大旱和清光绪初年大旱为例

上　篇

历史典型场次极端干旱事件重建研究
——以清光绪初年山西大旱为例

第1章 历史旱涝事件重建研究现状

1.1 历史旱涝序列重建研究

在全球气候变化加剧的大背景下,旱涝等极端气象水文事件在发生频率、强度、空间范围、持续时间和发生时间上发生明显变化。作为国际全球变化研究核心计划"过去全球变化"(Past Global Changes, PAGES)与"气候变率与可预报性研究"(Climate Variability and Predictability Programme, CLI-VAR)计划的重要内容,科学家们对历史旱涝序列重建研究也愈来愈关注。目前,根据序列重建所使用的代用资料及研究手段的不同,历史旱涝序列重建研究主要分为两类:一类是利用自然证据进行历史旱涝重建,另一类是利用历史文献资料进行历史旱涝重建。

1.1.1 基于自然证据的旱涝序列重建研究

在利用自然证据进行历史旱涝序列重建方面,代用资料以树木年轮居多,辅以冰芯、石笋、孢粉等,通过器测资料与同期代用资料中的气候信息相互校核、验证,进而完成重建。

1.1.1.1 基于树木年轮的旱涝序列重建研究

基于树木年轮的旱涝序列重建是指通过分析树木径向生长对气候要素变化的响应,重建历史时期降水或径流等序列。目前,利用树木年轮资料重建历史旱涝序列的代用指标包括宽度、密度、同位素和图像分析等,其中树轮宽度是利用最早、最为广泛的代用指标。如刘禹等利用油松树轮宽度重建了内蒙古呼和浩特近376年以来2—6月降水总量变化序列,利用内蒙古呼伦贝尔地区樟子松树轮宽度重建了伊敏河1868—2002年年径流总量。勾晓华等利用青海省阿尼玛卿山地区祁连圆柏树轮宽度分析树木生长与黄河上游唐乃亥水文站平均流量的关系,重建了黄河上游过去1234年以来的流量变化,利用横断山地区的冷杉树轮宽度重建了青藏高原东南部过去457年降水变化。Yang等建立了祁连山西部地区过去600年的降水序列,Zhang等建立了祁连山中部地区近千年来的降水序列,田沁花等利用祁连山中部地区祁连圆柏年轮宽度资料,重建了该地区1480年以来前一年8月至当年7月的年降水量。树木年轮资料具有定年准确、连续性强、可靠性高等特点，在历史旱涝序列重建中使用极为广泛。但是，基于树木年轮的旱涝序列重建也存在一些不确定性问题，如内在取样误差问题、树轮长期记录中的非气候生长趋势问题。

1.1.1.2　基于其他自然证据的旱涝序列重建研究

在利用自然证据进行历史旱涝序列重建方面，除了树木年轮，冰芯、石笋、孢粉等其他自然证据也被一些研究者用来重建旱涝序列。冰芯具有分辨率高、信息量大、保真性强、时间序列长和洁净度高等特点，但只分布在极地或中高纬度的高海拔地区，存在地区性取样偏差、不易准确定年、样本不易保存等问题。如姚檀栋等通过古里雅冰芯对过去 400 年降水变化进行了研究。石笋对气候变化敏感性较高，且具有分辨率高、受外界干扰较小、代用指标丰富、取样成本低廉等特点，其中洞穴石笋稳定氧同位素是目前石笋应用于古气候研究最广泛的指标。如刘敬华等基于甘肃武都洞穴高分辨率石笋氧同位素 $\delta^{18}O$ 重建了季风区边缘近 500 年以来降水变化，姜修洋等基于福建将乐的洞穴石笋探讨了近 500 年该区域的降水变化，谭亮成等通过秦岭南部大鱼洞、佛爷洞石笋 $\delta^{18}O$ 记录分析了中国中部地区过去 750 年夏季降水量的变化情况。另外，黄土、孢粉、山地冰川等代用资料也被用于过去气候变化的重建，但在使用这些气候代用资料时要谨慎，在对代用资料进行定量转换、校准和检验时，应使其与现代器测资料具有可比性，从而能够得出有意义的气候结论。

1.1.2　基于历史文献资料的旱涝序列重建研究

在利用历史文献资料进行历史旱涝序列重建方面，丰富的历史文献记载为中国历史时期的降水变化研究提供了大量的代用资料，这类资料记录能否被系统地采集、提供和使用也一直被国际科学界所期待。中国历史文献记载的旱涝资料主要包括四大类，一是官方正史；二是由总志、通志、府州厅县志等组成的地方志；三是以《晴雨录》和《雨雪分寸》为代表的档案记载；四是以天气日记为代表的私人笔记文集等。自 20 世纪 20 年代以来，中国学者就开始利用历史文献资料探索古气候变化信息，直到 20 世纪 70 年代竺可桢先生发表《中国近五千年气候变化的初步研究》，标志着利用历史文献资料进行历史气候的研究进入一个科学化的范畴。历史文献中的旱涝灾害状况记载，大多为定性的文字描述，如何将文献资料中的文字描述转化为可量化的数值成为一个关键问题。总的来说，基于历史文献资料的旱涝序列重建主要有以下几种方法。

1.1.2.1　利用旱涝等级法重建旱涝序列

旱涝等级法是指根据历史资料记载中灾情严重程度的描述，将旱涝划分为若干等级，同时将现代器测降水资料也划分为相应等级，并使历史资料与器测资料旱涝等级频率相一致，从而得到长时间的旱涝等级序列。该方法最先由汤仲鑫于 1977 年提出，将旱涝分为 7 个等级，建立了河北省保定地区近 500 年以来的旱涝序列。之后，该方法被原中央气象局采纳，将旱涝分为 5 个等级，即 1 级为涝，2 级为偏涝，3 级为正常，4 级为偏旱，5 级为旱，分站点逐年确定了全国 120 个站点的旱涝等级，绘制成《中国五百年旱涝图集》。张德二等人又通过归类器测降水量将其延长至 2000 年。《中国五百年旱涝图集》首次将全国史料中的定性记录转换为旱涝等级资料，为分析中国各地历史时期的旱涝状况提供了资料基础，之后被许多研究工作采用，重建了黄河、海河等流域以及一些省级行政区的旱涝序列。该方法直观性较强，可直接用来统计各种旱涝特征，也可利用其结果构建新的指标序列，如张家诚等构建了平均旱涝等级指数，张先恭构建了干旱指数。旱涝等级法是利用定性描述史料进行旱涝事件重建的一种比较理想的方法。

1.1.2.2 利用湿润指数法重建旱涝序列

湿润指数法是由郑斯中等在研究中国东南地区近 2000 年来湿润状况时提出的，其基本思想是从概率统计观点出发，将现存史料中的旱涝灾害记载视为历史上实际发生的旱涝事件总体中的一个随机样本，将统计得到的水旱灾害比值看作总体的统计值。湿润指数法着重考虑旱涝记载的次数，同时把旱或者涝的漏记、断缺和散失的情况看作有相同的随机性，在一定程度上消除了历史资料记载中时间分布不均的问题。

1.1.2.3 利用旱涝县次法重建旱涝序列

旱涝县次法是 1977 年南京大学在探索 1401—1900 年中国东部地区旱涝状况时提出的，以某一地区内遭受洪涝灾害的县次数和遭受干旱灾害的县次数的差为指标建立参数体系的方法。之后，郑景云等通过计算逐年旱涝县次的距平百分率，重建了北京地区近 500 年的旱涝指数，王洪波等重建了保定地区 1368—1911 年旱涝序列。该方法避免了人们在利用程度描述用语进行旱涝等级确定时所带来的主观因素，使所建的旱涝指数序列更趋于客观。

1.1.2.4 利用定量反演法重建旱涝序列

在中国所拥有的各种历史文献资料中，《晴雨录》和《雨雪分寸》具有覆盖范围广、定量化程度高等特点，因此，除了利用文献对旱涝或干湿等级进行分析外，利用《晴雨录》《雨雪分寸》等详细雨雪档案记载进行降水量重建的工作也取得了明显进展。

《晴雨录》是迄今存世的连续性最好的古代逐日天气记录，载有逐个降水日的降水类型（微雨、雨、大雨）和降水起止时间，地域范围主要涵盖北京、南京、苏州、杭州四地，时间跨度为 1724—1904 年。1974 年，原中央气象局研究所首先重建了北京 1724—1904 年的降水量，并印行了《北京 250 年降水》。其后，张德二等在以上工作的基础上，进一步探讨了清代晴雨录降水资料重建方法的改进问题，通过设定不同雨型和雨时的组合，选用了 8 因子的逐步回归方案进行降水重建；张德二等又利用南京等地的晴雨录资料，采用多因子逐步回归方法，重建了 18 世纪南京、苏州、杭州三地的降水序列。由于《晴雨录》关于降水的记录为半定量的，张德二等提出的方法是建立在晴雨录资料的各类雨型与雨时的组合都大致对应于一定的降水量的假设之上的。

《雨雪分寸》被认为是重建高分辨率降水的最可靠的资料之一，其记载内容包括定性描述（即对某次降水过程、阶段性乃至全年降水状况的描述）和定量记录（即"雨雪分寸"，表示每次降雨的入渗深度和每次降雪的积雪厚度），地域范围涵盖了除西藏、新疆、青海和东北三省以外的全部省份，时间跨度为 1693—1911 年。但是，由于"雨雪分寸"并非直接的器测降水量，因此，需要寻找一个具有明确物理意义且合理可行的方法，将"雨雪分寸"反演为降水量，使之能够与器测降水量进行直接衔接和比较。郑景云、郝志新等模仿清代观测方法，进行自然降水入渗试验，提出了将降水入渗深度转化为直接降水量的方法，重建了 1736 年来山东、西安、南京等地逐季降水量，并重建了近 300 年来黄河中下游的降水变化。该方法具有重建序列定量化程度高、时空分辨率高的显著优点，但是由于各地降水、土壤等条件不尽相同，需要针对不同地区开展降水入渗深度与降水量之间的关系研究。

1.2　历史典型场次极端干旱事件重建研究

在历史典型场次极端干旱事件重建研究方面，中国地理、气象、水利等领域的专家学者陆续开展了一些有关典型事件时空演变及气候背景的研究，但总的来说，基本都是围绕明末崇祯大旱和清光绪初年大旱两次典型极端干旱事件展开研究的。

针对明末崇祯大旱，陈玉琼基于《中国五百年旱涝图集》重建的旱涝等级资料构建干旱指数，进而识别出 1637—1643 年的干旱是华北地区近 500 年最严重的干旱，并通过建立同期年降水量与干旱指数之间的回归关系，初步重建了 1637—1643 年逐年及汛期降水量；谭徐明研究指出明崇祯大旱是近 500 年持续时间最长、范围最大、受灾人口最多的极端干旱事件，干旱于 1637 年始于陕西北部，1646 年终于湖南，重旱区涉及黄河、海河流域，波及中国一半以上人口；王强建立了崇祯大旱期间以县为基本评价单元的干旱数据库，对崇祯大旱的时空发展过程进行了复原研究，认为 1627—1629 年是大旱起始阶段，1630—1632 年是大旱相对减缓阶段，1633—1641 年是大旱鼎盛阶段，1642—1643 年是大旱减弱阶段。

　　针对清光绪初年大旱，张德二等依据历史文献记载复原了 1876—1878 年干旱发生、发展的动态过程，认为干旱的中心区域在山西、河南、陕西，最长连续无透雨时段达 340d，并绘制了历年旱灾和伴生的饥荒、蝗灾、疫疾发生地域实况图；满志敏利用记载详细的赈灾档案，以每县的受灾村庄数和各村庄的成灾分数加权后得出各县旱灾指数，据此复原了 1877 年北方大旱的空间分布，并分析了其区域差异性，探讨了其气候背景；中国水利水电科学研究院通过建立降水、径流和历史旱涝指数之间相关关系，复原了海河流域 1874—1879 年年尺度的降水和径流序列；郝志新等在重建 1736 年以来华北地区降水序列的基础上，辨识了 1876—1878 年华北大旱是过去 300 年间最为严重的极端干旱事件，并分析了 1876—1877 年逐季及年降水量的空间分布格局。

第2章 研究区概况及数据资料

2.1 研究区概况

2.1.1 自然地理

山西省位于我国华北地区，分别与河南省、河北省、陕西省及内蒙古自治区为邻。地形地势复杂，西北部地区多山区丘陵，中南部大多为平原和盆地，山区丘陵覆盖了山西省 80% 左右的国土面积。山西省下辖 11 个地市，全省面积 15.7 万 km^2，占我国国土面积的 1.63%。山西省南北长约 682km，东西宽约 385km。海拔最低约为 200m，最高超过 3000m，平均海拔超过 1000m。山西省行政分区和数字高程分别如图 2.1 和图 2.2 所示。

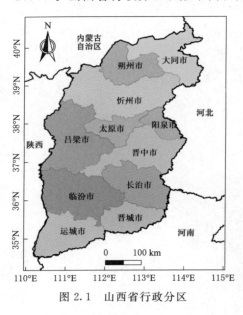

图 2.1 山西省行政分区

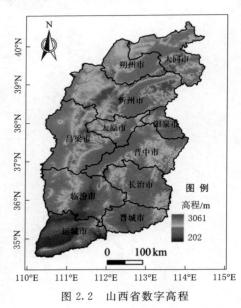

图 2.2 山西省数字高程

2.1.2 气候特征

山西省气候属于温带大陆性季风气候，雨热同期，降水较少，气候随地形地势差异较大。山西省各地年平均气温为 4.2～14.2℃，总体分布趋势为由北向南升高，由盆地向高山降低；全省各地年降水量为 360～620mm，呈现出由北向南逐渐增加的趋势。年内降水分布不均，集中在 6—8 月，占全年降水量的 58.7%。山西省多年平均降水分布如图 2.3 所示。

2.1.3 水文水资源

山西省主要河流有黄河支流和海河支流，黄河的支流主要包括汾河、沁河；海河支流包括桑干河、漳河、滹沱河。山西省水资源整体较为匮乏，主要来源为天然降水。2018 年全省水资源总量为 121.9 亿 m³，地表水水资源量为 81.3 亿 m³，地下水水资源量为 100.3 亿 m³，入境水量为 0.6 亿 m³，出境水量为 51.2 亿 m³，大中型水库年末蓄水量为 13.5 亿 m³。表 2.1 为山西省 2011—2018 年水资源概况。

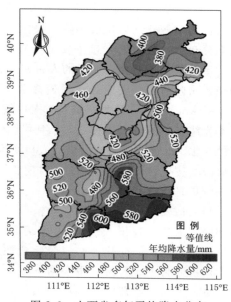

图 2.3　山西省多年平均降水分布

表 2.1　　　　　　　　　山西省 2011—2018 年水资源概况

年份	水资源总量/亿 m³	地表水水资源量/亿 m³	地下水水资源量/亿 m³	入境水量/亿 m³	出境水量/亿 m³	大中型水库年末蓄水量/亿 m³
2011	124.3365	76.6478	94.9541	0.2357	45.8321	15.4154
2012	106.2495	65.9039	88.3381	0.3875	41.5621	12.0644
2013	126.5534	81.0469	96.8720	0.6150	54.1972	12.9858
2014	111.2588	65.4475	96.8952	0.4291	39.9571	13.2072
2015	93.9543	53.8273	86.3949	0.3840	31.3899	10.5535
2016	134.1447	88.8767	104.9075	0.6582	61.1374	13.2581
2017	130.2397	87.8474	104.1416	0.4813	57.6399	15.8549
2018	121.9263	81.2832	100.2925	0.5900	51.1851	13.4646

2.1.4 社会经济

明清至民国时期，山西省人口总体上呈现不断增长的趋势。明万历十五年（1587 年）全省人口约 530 万人，清同治末年（1873 年）增长到 1600 余万人，为山西省人口发展顶峰；民国末年（1947 年）全省人口约 1280 万人。空间分布上，各时期人口主要分布在南部地区，南部人口密度约为北部的 3 倍。不同的是，清代较明代的人口密度大大增加，明代南部各府州如平阳府、泽州、汾州府、潞安府人口密度多为 50～60 人/km² 及以上，清代则增长到 100 人/km² 以上，蒲州府是当时人口密度最高的地区，为 334 人/km²。在经历了光绪初年的特大旱灾之后，到民国年间，山西省的人口分布格局发生了明显的变化。北部的代州成为全省人口密度最高的地区，为 294 人/km²，而此前人口密度甚高的南部地区，这一时期急剧下降，人口密度低于 100 人/km²，临汾一带更是仅有 56 人/km²。

与人口发展和分布不同，明清以来山西省耕地面积增长相当缓慢，从明初到民国末年，仅增长了 1200 余万亩，大多数时期徘徊在 5000 万亩左右。人口和耕地的这一变化形势，导致愈往后人均耕地面积愈少。明永乐年间全省人均耕地为 10.45 亩，明末则不足 7 亩。清同治末年人口达到历史最高峰的同时，人均耕地则跌落到历史最低，人均耕地不足 4 亩。在经历了光绪初年特大旱灾之后，人均耕地略有回升，但也只有 5 亩左右。与人口密度的分布格局正好相反，明清时期山西省北部各地的人均耕地较多，大同府、宁武府的人均耕地都在 6.5 亩以上，而南部各府州，人均耕地多在 3.5 亩以下。民国时期，随着北部人口的增长，人均耕地也有所下降，最明显的是代州，此时人均耕地仅有 0.7 亩，约为清代中期的 1/5 不到。大同府的人均耕地也只有清代中期的一半左右。

受自然和社会条件制约，明清时期山西省水利事业发展有限，主要分布在南部地区，且以小型水利工程建设为主。据雍正《山西通志》不完全统计，明代山西省灌溉面积约 160 万亩，约占全省耕地面积的 3.5%，主要为引河灌溉。从地理分布上来看，太原府 73 多万亩，平阳府 70 多万亩，两者的灌溉面积约占全省的 90%。此外，汾河中游汾州府的汾阳、介休、孝义等地也有可资灌溉的较大渠道。清代以来，由于生态环境恶化，引河灌溉受到限制，引泉和引洪灌溉得到大力发展，特别是引泉灌溉。据统计，到同治年间，有引泉灌溉的县份 52 县，超过全省总县数的一半，大部分集中在汾河中下游。此外，晋北、晋东的榆社、黎城，晋西的汾西等县也都有灌溉之利。据光绪《山西通志》不完全统计，这一时期全省灌溉面积约 100 万亩，约占全省耕地面积的 2%。其中以平阳府灌溉面积最大，约占全省灌溉面积的 1/3，其中襄陵一县的灌溉面积就达 20 余万亩。太原府的灌溉面积规模也比较大，约占全省灌溉面积的 1/4。民国时期，全省灌溉面积大约 300 万亩。1949 年新中国成立前夕，全省灌溉面积约 360 万亩。

据山西省 2019 年国民经济和社会发展统计公报，年末全省总人口为 3729.2 万人，城镇人口 2220.8 万人，所占比例为 59.6%。全省地区生产总值 17026.68 亿元，人均地区生产总值 45724 元/人，其中以第二、第三产业为主。全省农作物播种面积 35245km²，粮食总产量 1361.8 万 t，其中主要的粮食作物为玉米和小麦，种植面积分别占播种面积的 55.7% 和 17.8%。表 2.2 为山西省 2019 年主要社会经济指标。

特殊的自然条件和特定社会条件影响下，旱灾成为山西省最为频繁且严重的自然灾害。民谚"不怕涝，就怕旱""不怕大水淹，就怕旱得宽""不管天灾多大，就怕老天爷不下"等形象反映了传统农业社会下旱灾对农业生产的危害，防旱抗旱成为山西省经济社会发展中一项长期而艰巨的任务。

表 2.2　　　　　　　　　　山西省 2019 年主要社会经济指标

人口 /万人	全省地区生产总值 /亿元	第一产业 /亿元	第二产业 /亿元	第三产业 /亿元	农作物播种面积 /km²	粮食总产量 /万 t
3729.22	17026.68	824.72	7453.09	8748.87	35245	1361.8

2.2　研究区数据资料

2.2.1　清宫档案"雨雪分寸"资料

2.2.1.1　雨雪分寸资料简介

雨雪分寸是从清代乾隆元年（1736 年）起至宣统三年（1911 年）在全国范围内对每次降水过程的入渗深度或积雪厚度进行观测的记录。在传统农业社会，雨水丰歉直接关系到当年农业收成，清代统治者十分重视气象变化，为及时了解农事，每逢雨雪天气，要求各地方官员以官方奏报形式向皇帝汇报所辖区域内雨水入土深度和积雪厚度及起止日期，因以清代的"寸"与"分"作为计量单位，被称为"雨雪分寸"。雨雪分寸被认为是一种直观的降水观测记录。因雨和雪两者形态的区别，观测方法有所不同，其中"雨分寸"是在发生一次降雨过程之后，选择一块地势较为平坦的农田向下掘土，当看到有明显的干湿交界层时停止，测量此时的干湿交界层与地面的距离即为雨分寸；而"雪分寸"是直接测量发生一次降雪过程后的积雪厚度，与现代气象观测中的测量方式相同。

雨雪分寸奏报的粗细程度因地区的不同而有所不同，一般来说，直隶（今河北省）、山西、陕西、甘肃、河南、山东、江苏、浙江、江西、安徽、福建、湖南、湖北奏报比较详细，两广（今广东省和广西省）、云南、贵州、四川、盛京（今辽宁省）较粗略，台湾当时属于福建省，它的记载附于福建，黑龙江、吉林、青海、新疆、内蒙古及西藏等的资料很少。另外，奏报的粗细程度也随朝代而不同，乾隆（1736—1795 年）执政期间，雨雪分寸奏折达83400 件，平均每年约 1390 件；嘉庆（1796—1820 年）执政期间共计 28555件，平均每年达 1142 件；光绪（1875—1908 年）执政期间共计 54786 件，平均每年达 1611 件。因此，这份资料无论是从观测时间的长度上，还是覆盖的空间范围和涉及的地区上都是极其宝贵的。

2.2.1.2　雨雪分寸资料的来源

清宫档案"雨雪分寸"资料最早于 1955 年由朱更翎在整理清宫档案时发现，其储量丰富且未经开发利用，是非常宝贵的水利史料。在水利建设、水利史研究以及历史旱涝资料重建等方面有重要的研究价值，填补了历史水文、气象等观测数据的短缺。1956 年 9 月至 1958 年 10 月，相关研究人员历经 2年时间对资料进行筛选、抄录、复核等，整理出清乾隆元年至宣统三年（1736—1911 年）的雨雪分寸资料，其中照片 14 万张、抄录 2.6 万余件，如图 2.4 所示。清宫档案的水利资料数据量庞大且利用价值较高，多家单位前来咨询、复印、抄录等，其中包括长江流域规划办公室、中国科学院文学研究所、黄河水利委员会，原中央气象局研究所以及北京大学地球物理系等。资料在流域规划、历史旱涝、气象等领域得到了应用。

雨雪分寸资料的来源大致可分两类：一类是地方政府（府、县）官员和某地驻军军官的奏报，这类奏报的空间范围比较固定，并且基本是按每次降水过程奏报的，记录形式也比较固定，内容也比较详细，是清代雨雪奏折的主要部分；另一类是省级官员和巡视、出访官员的奏报，这类奏折涉及的空间范围较广而且不太固定。省级官员可以粗略地报告全省或数府的情况，巡视官员出访路线可以数日行经几个省，报告的形式常常是对较大范围和较长时段降水情况的概述，是一种宏观的报告。这两类报告对于提取宏观信息各有利弊：第一类详细明确，而且相当一部分还以量值——降雨后水分入土深度和降雪厚度来表示，因每份报告反映一日或几日的降水，相当于现在的天气旬报，存在数据遗漏的可能，因此如果仅按此类记录累计，时段内的降水就可能比实际降水偏少。第二类资料在一定程度上可以弥补第一类资料的不足，它相当于现代的天气月报或季报，但它又有粗略、含糊的缺点。因此两类报告相互参照，即可提取相对完整的信息。

2.2.1.3　雨雪分寸资料的记录形式

奏折是一种文书报告，奏报人除总督、巡抚、布政使、按察使及重要地区的知府外，还包括各地的盐政、学政、织造、总兵、河道等官员。从总体上来说，雨雪分寸资料按记录的量化程度可分为定量记录和定性描述两种，即有一部分是定量记录（即记载降水后的土壤湿润深度、降雪厚度或一段时间的降雨次数），另一部分是用语言描述的定性记录。

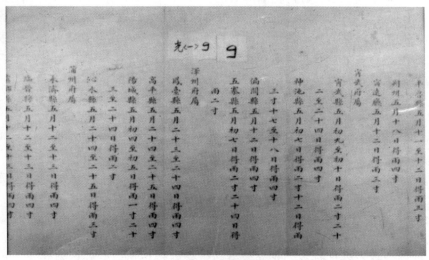

（a）雨雪分寸记录原本

（b）雨雪分寸记录手抄本

图 2.4　清光绪元年山西省雨雪分寸记录原本及手抄本照片

1. 定量记录

在北方地区，定量记录占 60% 以上。其中有一部分量化较明确的记录，如"得雨三寸""得雪二寸"等，在数据的整理过程中，可以直接使用具体数字。而记录中还有更大一部分是数字较含糊，仅给出一个范围的量化记录，对于这类记录，无法考证降雨或降雪的具体量值，只能采用取平均值的办法。如："山东济宁一带地方，初五日得雨自二三寸至四五寸"，则济宁州（今济宁市）初五日降雨的入土深度记为 3.5 寸；"今年（1737 年）正月初一至初四日复多有得雪之处，开封府属祥符各州县得雪二三寸至七八寸"，则祥符（今开封市）正月初一至初四日的降雪厚度取平均值，记为 5 寸。

2. 定性记录

除定量记录外，较难做量化处理的还有 40% 的定性记录，如"普得甘霖""深透""沾足""雨水调匀""雨暘时若"等描述词，也必须给出一个较为明确的定量记录，方可用于降水序列的重建。在整理雨雪分寸记录的过程中，查阅了大量雨雪农业类的奏折，发现对于某一降水事件，有相当一部分是以文字描述和实测值同时出现的。因此，可以根据描述词出现的频率、前后句的联系，结合其所指示的具体意义，确定出各种定性描述词对应的量值。

就雨雪分寸资料而言，北方省份的定量资料较多，定性资料较少，而在南方省份则相反。此外，需要补充说明的是，在雨雪农业类的资料中，还存在着一种记录形式，这种记录表面上看是定量的，如光绪二十九年（1903年），护理山西巡抚吴廷斌报，"山西省五月份得雨一百七州县，自一至五寸及深透不等，二麦已经刈获，秋禾亦渐长发……"；山西巡抚张曾扬报，"闰五月份得雨者九十三厅州县，自一寸至五寸及深透不等，秋禾日见茂芃"，"各属报六月份得雨者九十三厅州县，自一寸至五寸及深透不等，土脉滋润秋禾秀穗"。如果仅仅根据记载的具体数字看，每月仅有 1 次降水记录，1903 年应为异常干旱年份，但结合后面的定性的文字描述看则不然，"土脉滋润""秋禾日见茂芃"等词表达的应该是该年雨水充沛之意。因此，对于看似定量，但描述又较笼统的记录，在资料处理时还应该按定性资料作出判断。

光绪元年十月初七（1875 年 11 月 4 日）山西巡抚鲍源深上奏的《光绪元年八月份所属各州县报到得雨日期寸数开缮清单》（表 2.3），详细记载了山西省 7 府 8 直隶州共 56 州县八月份的降雨情况，包括各州县逐次降雨的日期、降雨在农田的入渗深度（即雨分寸），其定量化程度高，记载翔实。

光绪元年三月初十（1875 年 4 月 15 日）山西巡抚鲍源深上奏的《光绪元年正月份所属各州县报到得雪日期寸数开缮清单》（表 2.4），详细记载了山西省 8 府 9 直隶州共 58 州县的降雪情况，包括各州县逐次降雪的日期、降雪在农田的堆积厚度（即雪分寸）。

表 2.3　　　　　　　　　　　山西省雨分寸档案记载示例

上奏人：山西巡抚鲍源深　　日期：清光绪元年十月初七（1875 年 11 月 4 日）　　省份：山西

《光绪元年八月份所属各州县报到得雨日期寸数开缮清单》

太原府属：
阳曲县八月初五至初六日得雨二寸，十二至十四日得雨三寸，二十三日得雨一寸；
太原县八月初一至初二日得雨二寸；
榆次县八月初六日得雨三寸，十二至十三日得雨四寸；
太谷县八月十三日得雨三寸；
徐沟县八月十二至十三日得雨四寸

平阳府属：
临汾县八月初六日得雨二寸，十二至十四日得雨四寸，二十三日得雨三寸；
襄陵县八月十二至十四日得雨三寸，二十三日得雨二寸；
洪洞县八月十三至十四日得雨深透；
太平县八月十三至十四日得雨二寸；
曲沃县八月初六日得雨二寸，十三至十四日得雨四寸；
翼城县八月初六至初七日得雨二寸……

表 2.4　　　　　　　　　　　山西省雪分寸档案记载示例

上奏人：山西巡抚鲍源深　　日期：清光绪元年三月初十（1875 年 4 月 15 日）　　省份：山西

《光绪元年正月份所属各州县报到得雪日期寸数开缮清单》

太原府属：
阳曲县正月十三至十四日得雪二寸；
太原县正月初四日得雪一寸，十三日得雪一寸；
榆次县正月初四日得雪二寸；
太谷县正月初四日得雪二寸，十三日得雪二寸；
徐沟县正月初四日得雪二寸，十三日得雪三寸；
文城县正月初四日得雪一寸，十三日得雪二寸；
文水县正月初四日得雪二寸，十三日得雪二寸；
祁县正月十五日得雪一寸

平阳府属：
临汾县正月初四日得雪一寸；
浮山县正月初三至初四日得雪一寸；
太平县正月十二至十三日得雪二寸；
岳阳县正月十九日得雪二寸；
曲沃县正月十三日得雪二寸；
翼城县正月十三日得雪一寸；
宁乡县正月二十三日得雪一寸……

注　该奏折详细记载了山西省 8 府 9 直隶州共 58 州县的雨雪分寸，表中数据有所省略。

　　由上述示例可知，清宫档案"雨雪分寸"资料具有记录时间准确可靠、地理位置确定、雨雪分寸记录量化程度高的特点。郝志新等从雨雪分寸的奏报来源、统治者的关注度、内容的合理性以及奏报事件对比分析等方面证实了雨雪分寸的可靠性。整理发现，档案中的雨分寸定量记录比例为 94％，定性记录约为 6％；雪分寸均为定量记录。雨雪分寸资料的特点为历史典型场次干旱事件降水量的定量重建工作提供了便利。

2.2.2　地方志

地方志记载的范围基本限于某一特定区域，特别是县志，其范围更是明确，而灾害研究的一项基本任务就是了解灾害发生的区域，因此，地方志是灾害研究中的基本参考资料之一。地方志是中国所特有的一种地方性史书，可视为一地的"百科全书"。在卷帙众多的地方志里，记载了有关气候、天文、地理、政治、经济、文化等历史资料，是中国文化遗产的一个重要方面。就地方志的记事范围来看，可分为以下几类：总志、通志、郡志、府志、厅志、县志、合志、乡镇志。其中，县志是现存方志中数量最多的一种，也是通、府、州等志编纂时必须采掘的资料，是地方志中的基本部分。由于地方志有经过一段时间就要修一次的通例，所以它能保存历史上关于某个地区、某种事物、某个现象的连续的、完整的记载。比如关于水旱虫灾的记载，关于天象（如日食、月食、太阳黑子）方面的记载，等等。从这些连续性的记载中可以找出某些社会现象和自然现象的规律性。在众多的地方志中，以明清两代的连续性最好。其主要原因是当时各地纂修地方志之风盛行，各府州县均将当地风俗、气候灾异作了系统的整理编纂，并分门别类，按编年体排列，其气候灾异部分实为一份地方性历史气候年表，查阅极为方便，是我国明清时期历史气候史料的主要来源。据统计，我国的地方志共有 12863 部，气候灾异的记载不下 20 万条。内容主要涉及旱、涝、雹、霜、雪、极端冷暖、干湿事件、蝗灾、饥荒、地震和农业收成丰歉等。在资料整理的过程中，本书主要从中摘录了以下几方面的内容：灾情发生的时间、灾情发生的地点、灾情内容及其对社会和经济的影响、资料来源等。据《中国地方志联合目录》统计，明清及民国时期山西省编修志书 400 余部，包括省志、府志、县志等。加上山西省史志研究院的任小燕研究员在此基础上补充的明清时期的 42 部志书，全省总计 471 部（见表 2.5）。大多地方志设有《灾异》《灾祥》《祥异》等专篇，集中记载各类灾害的时间、灾情概况，本身构成一份较为系统的地方性灾害年表，对了解地方的灾害概况实属简洁明了。不过，地方志一般记事简略，有关旱灾的资料大多是简单的灾情定性描述，或者是农作物受灾情况，如"大旱，禾苗尽槁"；或者是受灾人口状况，如"旱饥，民多流亡"等等。在方志资料的收集过程中，本书主要参考了张德二主编完成的《中国三千年气象记录总集》（以下简称《总集》），《总集》是气象学界花费 10 余年时间整理完成的灾害汇编，被誉为"历史气象记录之大成"。经过对其中明清山西省 100 余部地方志的资料核对，其中主要是旱灾发生较为频繁的晋南地区的方志资料核对，不仅可靠性甚高，而且灾情资料的收录情况完整。因此，以《总集》中明清地方志资料为基础，摘录其中的时间、地点、灾害特征三项指标，整理成明清地方志山西省旱灾年表。

表 2.5　　　　明代、清代和民国时期山西省志书数量统计　　　　单位：部

朝代＼地区	通志	太原	雁北	忻州	晋中	吕梁	晋东南	临汾	运城	合计
明代	3	5	8	5	7	3	6	14	10	61
清代	5	12	27	37	50	26	56	61	64	338
民国	2	3	4	4	12	7	13	13	14	72
总数	10	20	39	46	69	36	75	88	88	471

注　据《中国地方志联合目录》《山西古今方志纂修与研究述略》整理。

2.2.3　明清实录

明清实录中也包括大量的灾害史料，主要记述官方蠲免、赈济情况以及农业被灾情况等，一定意义上反映了灾情的严重程度。但实录关于灾害的记载也有某些不足，其一，对灾害范围不甚明确，很多记载是府州，甚至是全省的情况，至于是府州的某一县、某几县，还是全部受灾，不甚明确；其二，实录关于蠲免的记载往往是水旱霜雹等多种灾害混杂一起，至于各类灾害具体发生在什么地方，不甚明确；其三，实录记载与政治有很大关系，如明末崇祯大旱在《明实录》中很少有记载，基本是简单的一两句话，如"山西大旱，民饥，人相食"等。据此，本书摘录其中的时间、地点、政府赈济、农作收成等指标，整理完成明清实录山西省旱灾史料。对其中记载某府、某州旱的情况，暂且处理为府治、州治所在地被旱，并备注说明，对其中关于多种灾害混杂一起的情况，也分别备注说明，视情况参考使用。

2.2.4　土壤含水量资料

土壤含水量的观测来源于中国气象局国家农业气象监测站点，资料包括山西省 14 个主要观测站 1994—2012 年逐旬的土壤含水量数据。土壤含水量的观测一般选在农田，每月的 8 日、18 日及 28 日取土观测，如遇观测时下雨或灌水，则延后 2～3d 观测；资料的内容包括土壤容重、田间持水量、凋萎系数等土壤物理参数，各土壤层次（0～10cm，10～20cm，20～30cm，30～40cm，40～50cm）的土壤重量含水量（指水分重量占干土重量的百分数）等。山西省 14 个主要农业气象站点见表 2.6。

表2.6　　　　　　　　　　　山西省14个主要农业气象站点

序号	区站号	站名	经度/(°)	纬度/(°)
1	53564	河曲	111.15	39.38
2	53594	灵丘	114.18	39.45
3	53674	忻州	112.70	38.42
4	53769	汾阳	111.78	37.25
5	53775	太谷	112.53	37.43
6	53783	昔阳	113.70	37.60
7	53853	隰县	110.95	36.70
8	53863	介休	111.92	37.03
9	53868	临汾	111.50	36.07
10	53877	安泽	112.25	36.17
11	53882	长治	113.07	36.05
12	53956	万荣	110.83	35.40
13	53959	运城	111.02	35.03
14	53976	晋城	112.83	35.52

2.2.5　气象水文数据

气象数据来源于中国气象科学数据共享服务网（http：//cdc. cma. gov. cn/home. do），为山西省95个气象站点1975—2014年逐日的降雨、最高气温、最低气温、风速数据，气象站点位置与重建站点一致。图2.5为气象站点位置及泰森多边形图。

水文数据来源于汾河干流的静乐、义棠、河津3个径流观测站，包括各站点1981—2000年的自然径流（即去除水库、灌溉等人为影响）序列。3个站点分别作为流域上、中、下游的代表性站点（表2.7）。

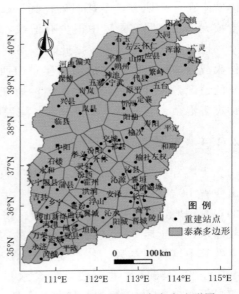

图2.5　气象站点位置及泰森多边形图

表 2.7　　　　　　　　　汾河流域主要水文站点信息

站点名称	经度/（°）	纬度/（°）	控制面积/km²
静乐	111.92	38.34	2799
义棠	111.83	37.00	23945
河津	110.80	35.57	38728

2.2.6　土壤植被与地面高程数据

本书中，土壤植被与地面高程数据主要用于山西省高分辨率可变下渗容量（Variable Infiltration Capacity，VIC）模型框架的输入。其中，土壤植被数据主要包括土壤覆盖数据和土壤参数数据两部分。表 2.8 为土壤植被与地面高程数据资料情况。

表 2.8　　　　　　　　　土壤植被与地面高程数据资料情况

数据类型	数据来源	数据内容	分辨率
数字高程	美国地质勘探局	HYDRO1K 数字高程数据	1km
土壤覆盖数据	马里兰大学土地覆盖数据集	全球土地覆盖数据集	1km
土壤参数数据	联合国粮食及农业组织	全球 5′的土壤数据集	5′

第3章 清光绪初年山西大旱
降水重建研究

自然状况下，降水是下垫面水分的唯一来源，当降水偏少程度和持续时间达到一定程度时，意味着气象干旱发生。当气象干旱进一步蔓延加剧，在其他条件不变的情况下，一方面产流可能随之减少，另一方面包气带的水分也将随之减少，土壤水分条件恶化，汇流条件也可能随着削弱。产汇流的减少，将直接导致江河湖泊等地表水体水量减少，进而影响地下水。换言之，降水量的多少是表征干旱状况最为直接的指标，也是诱发水文干旱的关键要素之一。为此，为重建历史典型场次干旱事件，首先需要重建历史时期的降水状况，进而重建历史时期和土壤水径流状况。本书中，通过引入基于湿润区分层假设的 Green‐Ampt 改进方法（以下称为改进的 Green‐Ampt 入渗模型）和大尺度分布式陆面水文模型——VIC 模型，探讨了基于雨雪分寸资料的历史典型场次干旱事件降水重建方法以及基于 VIC 模型的历史典型场次干旱事件径流和土壤水重建方法，并据此方法重建了清光绪初年（1875—1879年）山西大旱的降水、径流和土壤水序列，进而从气象干旱、水文干旱和土壤干旱等角度复原了清光绪初年山西大旱全景视图。

3.1 基于雨雪分寸资料重建历史干旱事件的可行性分析

如前文所述，清宫档案"雨雪分寸"资料是 1736—1911 年在全国范围内对每次降水过程的入渗深度或积雪厚度进行观测的记录。因以清代的"寸"与"分"作为计量单位，故称雨雪分寸。因此，是否能够基于清宫档案"雨雪分寸"资料重建历史典型场次干旱事件，主要取决于能否将雨雪分寸的观测记录定量地转换为降水量。

雨雪分寸资料不同于一般的代用气候资料，它实际上是一种降水的观测记录，只是其观测方法与现代降水观测方法不同。其中"雨分寸"的观测方法是在发生一次降雨过程之后，选择一块地势较为平坦的农田向下掘土，当看到有明显的干湿交界层时停止，测量此时的深度即为雨分寸；而"雪分寸"的观测方法是直接测量发生一次降雪过程之后的积雪厚度，与现代气象观测中的测量方式相同。因此，将雨雪分寸的观测记录定量转换为降水量，其关键又在于如何将"雨分寸",即降水的土壤入渗深度,定量地转换为降水量。

"雨分寸"描述的是雨水渗入土壤的过程,是自然界水循环的重要环节。根据水分在土壤中运动的特征,雨水入渗过程可以分为渗润、渗漏、渗透三个阶段。第一阶段,地表水和沿地表较大孔隙通道迅速进入土壤内的水,受分子力作用附着于土粒表面形成薄膜水,逐渐渗润土壤表层。此阶段,表层土壤含水率小且供水充分,入渗速率大。随着降雨持续进行,表层土壤的含水率不断增加,直到表层土壤的入渗速率等于降雨强度。第二阶段,在毛管力和重力作用下,水分不断地在土壤孔隙中作非定向的运动,并逐步充填孔隙,直到全部孔隙被水充满而饱和。此阶段入渗率递减很快。以上两个阶段的入渗过程中,土壤含水量均未达到饱和状态,因此属于非饱和入渗过程,这两阶段又统称为渗漏阶段。第三阶段,土壤孔隙被水分充满后,水分以重力水形式沿孔隙向下作稳定的深透运动,为饱和入渗。此时的入渗率为稳定入渗率。如图 3.1 所示,均质土壤在持续降雨的条件下,土壤含水率剖面可分为饱和区、过渡区、传导区和湿润区四个区域。

由降雨入渗过程可知,湿润锋是指在水分下渗过程中,土壤被湿润部位前端与干土层形成的明显交界面,湿润锋的深度即为地表与土壤干湿交界层之间的距离差;"雨分寸"是指降雨入渗后,土壤的干湿交界处距地表的距离。从土壤物理学角度看,雨雪分寸资料中的"雨分寸"与湿润锋的物理含义具有一致性,因此,在历史典型场次极端干旱事件重建过程中,可以将"雨分寸"视为湿润锋的深度来处理,并借用一些与湿润锋有关的模型来解决"雨分寸"的转换计算问题。

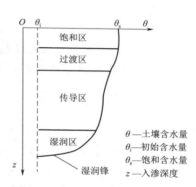

图 3.1　降雨入渗过程划分剖面图

3.2　基于雨雪分寸资料的历史干旱事件降水重建方法

3.2.1　历史典型场次干旱事件降雨量重建方法

3.2.1.1　方法原理

水量平衡是质量守恒原理在自然界水循环过程中的具体体现,也是水循环能够不断进行下去的内在动力。大自然中存在不同类型的水循环过程,依据研究目的的不同,可建立适用于不同水循环过程的水量平衡方程,如较为常见的流域水量平衡方程、全球水量平衡方程等。通过建立水量平衡方程式，可明确水循环中各变量之间的逻辑关系，便于进行定量计算。本书主要考虑陆地水循环过程中的水量平衡原理，在一次降雨过程中，降雨是水分来源，主要通过蒸发、入渗、产生径流的方式消耗水分。因此，由水量平衡原理，每次降雨过程满足下式：

$$P = E + R + F \tag{3.1}$$

式中：P、E、R、F 分别为降雨量、蒸发量、径流量和入渗量。

式（3.1）明确了降水量、径流量、入渗量与蒸发量四者之间的关系，由于降雨过程中，空气湿度较大，蒸发量极小，可忽略不计。因此，对每次降雨过程而言，降雨量近似等于入渗量和径流量之和，即

$$P \approx R + F \tag{3.2}$$

据陆地水文学的基本原理，降雨量与径流量、入渗量之间存在以下关系：

$$R = \alpha P \tag{3.3}$$

$$F = \beta P \tag{3.4}$$

可得

$$P = \alpha P + \beta P \tag{3.5}$$

式中：α 为径流系数；β 为入渗系数，两者之间的关系为：$\alpha + \beta = 1$。

这反映出降雨时所产生的径流量越大，入渗量就越少。由此可得降雨量求解公式为

$$P = F / \beta \tag{3.6}$$

式中：P 为月降雨量；F 为月入渗量；β 为入渗系数，它与降雨强度、土壤质地有关，其大小可以通过试验获得。

由式（3.1）～式（3.6）可知，降雨量可通过累计入渗量与入渗系数之间的数值关系求得。以下章节将重点论述降雨累计入渗量的计算方法与入渗系数的确定。

3.2.1.2　降雨入渗量的计算

从土壤物理学角度看，雨雪分寸资料中的"雨分寸"与基于毛管理论的 Green - Ampt 入渗模型中的湿润锋（即土壤干湿交界层的位置）基本一致，同时考虑土壤水分分层等问题，本书采用改进的 Green - Ampt 入渗模型将"雨分寸"数据量化为累计入渗量，进而为重建历史时期降雨量序列奠定基础。

3.2.1.2.1　改进的 Green - Ampt 入渗模型

降雨入渗模型可以定量分析土壤水分入渗过程，是计算降雨过程中的累计入渗量较为可靠的方法，也是将"雨分寸"定量转化为降雨量的关键。经典 Green - Ampt 入渗模型物理意义明确，公式计算简单，是应用较多的入渗

模型。但由于模型的基本假设认为湿润锋以上，即湿润区含水量为饱和含水量，实际降雨入渗过程中土壤含水量很难达到饱和，湿润区土体并非完全饱和的，计算出的累计入渗量偏高，与实际不符。为此，引入基于湿润区分层假设的 Green‐Ampt 入渗模型改进方法。该方法是基于黄土积水入渗的土壤水分剖面变化特征提出的，解决了传统 Green‐Ampt 入渗模型因不分层考虑等导致计算出的累计入渗量偏高的问题，并在壤土类土壤中得到较好的应用。改进的 Green‐Ampt 入渗模型分层假设原理如图 3.2 所示。

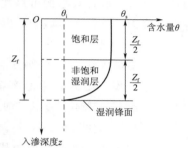

图 3.2　改进的 Green‐Ampt
入渗模型分层假设原理

改进的 Green‐Ampt 入渗模型的基本假设如下：①在降雨入渗过程中，将任意时刻的土壤水分剖面分为饱和湿润层和非饱和湿润层；②湿润层的饱和区占整个湿润层的 1/2，且湿润层内含水率呈椭圆曲线分布。具体如下：

对于饱和层，土壤含水率为

$$\theta(z) = \theta_s, \ 0 \leqslant z \leqslant Z_f/2 \tag{3.7}$$

对于非饱和湿润层，土壤含水率为

$$\theta(z) = \theta_i + \frac{2(\theta_s - \theta_i)}{Z_f}\sqrt{z(Z_f - z)}, \ Z_f/2 \leqslant z \leqslant Z_f \tag{3.8}$$

对于非湿润区：

$$\theta(z) = \theta_i, \ Z_f \leqslant z \tag{3.9}$$

基于以上假设，将湿润区分为饱和层和非饱和湿润层，由水量平衡原理可对累计入渗量进行如下修正：

$$I = \rho \int_0^{Z_f} [\theta(z) - \theta_t] \mathrm{d}z \tag{3.10}$$

$$I = I_s + I_w = \frac{4 + \pi}{8} Z_f (\theta_s - \theta_i) \rho \tag{3.11}$$

其中：

$$I_s = \frac{Z_f}{2}(\theta_s - \theta_i)\rho \tag{3.12}$$

$$I_w = \frac{Z_f}{8}\pi(\theta_s - \theta_i)\rho \tag{3.13}$$

式中：I 为累计入渗量；I_s 为饱和层入渗量；I_w 为非饱和湿润层入渗量；θ_s 为土壤饱和重量含水量；θ_i 为土壤初始重量含水量；Z_f 为降雨入渗湿润锋推进距离（即湿润锋深度）；ρ 为土壤容重。

3.2.1.2.2 模型适用性评价

为验证基于改进的 Green - Ampt 入渗模型重建降雨的可靠性,本书通过开展人工模拟降雨入渗试验,仿照清代雨分寸的观测方法,利用改进的 Green - Ampt 入渗模型求解降雨累计入渗量,通过模型评价方法分析实际入渗量与模型计算结果,验证模型的可靠性。试验中,每次降雨过程中严格控制降雨量,并保证降雨全部渗入土壤中,以保证降雨量近似等于实际入渗量。

1. 试验站点

人工降雨入渗试验于 2019 年 8—9 月在山西省中心灌溉试验站和霍泉灌溉试验站开展。山西省中心灌溉试验站位于山西省文水县刘胡兰镇,东经 112°12′,北纬 37°24′,海拔 749.60m;霍泉灌溉试验站位于洪洞县广胜寺镇,东经 111°46′,北纬 36°17′,海拔 529.00m。试验站土壤质地分别为中壤土和轻壤土,在山西省具有典型的代表性。试验站内有代表性试验田,完整的供水、试验设备,适合于开展"人工模拟降雨入渗试验研究"。在试验站内选择一块 10m×10m 的农田,选取条件为试验地表平整,土壤结构未受到人为破坏,且土壤的物理性质较稳定。将试验农田划分为 1.5m×1.5m 的若干试验块,用以进行不同降雨强度与历时组合的降雨入渗试验。试验站点土壤的物理参数见表 3.1。

表 3.1 试验站点土壤的物理参数

站点名称	土壤类型	土壤容重/(g/cm³)	田间持水量/%	饱和含水量/%
中心站	中壤土	1.44	26.9	34.3
霍泉站	轻壤土	1.45	24.6	30.8

2. 试验装置与方法

本试验采用的便携式人工模拟降雨装置由中国水利水电科学研究院设计研制,如图 3.3 所示。该装置由喷淋系统、供水系统、遮雨布/收集槽和钢槽构成,可实现不同雨强、不同历时的人工模拟降雨过程。降雨喷头高度为 2.5m,喷射直径为 1m,降雨均匀度大于 0.85,可实现降雨强度为 0~200mm/h 的模拟降雨。

为使人工模拟降雨入渗更接近自然状况,本试验相应设计了不同降雨强度和降雨历时组合,每种降雨组合试验重复 3 次,其中降雨量的大小包括 8.25mm,12.5mm,25.0mm,37.5mm,50.0mm 和 75.0mm 等,用于代表自然降水的小雨(0.1~10mm)、中雨(10~25mm)、大雨(25~50mm)、暴雨(50~100mm)等各种情况。降雨强度的大小设置为 16.5mm/h,25.0mm/h,50.0mm/h 和 75.0mm/h,用于代表各种类型(小雨、中雨、大雨和暴雨）自然降水的平均雨强。降雨强度与降雨历时组合参数设计见表 3.2。

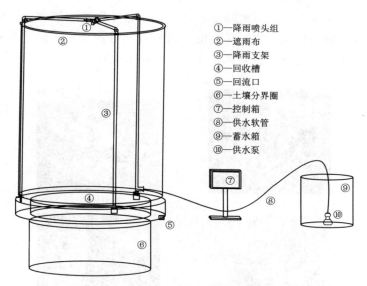

①—降雨喷头组
②—遮雨布
③—降雨支架
④—回收槽
⑤—回流口
⑥—土壤分界圈
⑦—控制箱
⑧—供水软管
⑨—蓄水箱
⑩—供水泵

图 3.3　便携式人工模拟降雨装置示意

表 3.2　　　　　　　　　　降雨强度与降雨历时组合参数设计

编号	降 雨 强 度		降雨历时/min	降雨量/mm
	mm/h	mm/min		
1	16.50	0.28	30	8.25
2	16.50	0.28	60	16.50
3	16.50	0.28	120	33.00
4	25.00	0.42	30	12.50
5	25.00	0.42	60	25.00
6	25.00	0.42	120	50.00
7	50.00	0.83	30	25.00
8	50.00	0.83	60	50.00
9	75.00	1.25	30	37.50
10	75.00	1.25	60	75.00

在每次试验之前，先将直径 1m、高 50cm 的钢槽楔入试验区土壤中，以保证降雨能全部入渗到土壤中，同时减少降雨过程的侧渗量，此时，认为降

雨量近似等于实际入渗量。降雨前及降雨过程结束一段时间（地表无积水）后，分别在钢槽的外围及内部用土钻法分层取土，取土深度 50cm，每 10cm 一层，每层取 3 个重复样品，用烘干称重法测定降雨前后的土壤含水量 θ_i、θ_r。降雨入渗湿润锋推进距离的测定采用"雨分寸"的观测方法，即在取土后，用铁锹在降雨区域向下挖土，直至看到有明显的干湿交界层时停止，干湿分界处距地表的深度，记为 Z_f。图 3.4 为试验流程。

(1)取土　　　　　　　　　　(2)称重

(3)烘干　　　　　　　　　　(4)测量湿润锋

图 3.4　试验流程

3. 结果与分析

仿照"雨分寸"的观测方法，分别在山西省中心灌溉试验站和霍泉灌溉试验站两个代表性站点开展人工模拟降雨入渗试验 36 组和 37 组，剔除重复试验以及误差较大的数据外，两个站点各整理出 33 组有效数据，见表 3.3。

表 3.3　　　　　　　　　　试 验 数 据 表

降雨量 P_r/mm	降雨强度 p/（mm/min）	降雨历时 T/min	中 心 站		霍 泉 站	
			θ_i/%	Z_f/mm	θ_i/%	Z_f/mm
8.3	0.28	30	23.1	69	14.1	45
8.3	0.28	30	22.8	64	14.6	53
8.3	0.28	30	23.5	74	13.7	41
12.5	0.42	30	26.0	138	11.8	53
12.5	0.42	30	25.2	134	13.2	59
12.5	0.42	30	23.3	121	14.3	64

降雨量 P_r/mm	降雨强度 $p/$ (mm/min)	降雨历时 T/min	中 心 站		霍 泉 站	
			θ_i/%	Z_f/mm	θ_i/%	Z_f/mm
16.5	0.28	60	26.5	168	15.4	78
16.5	0.28	60	26.1	176	18.2	83
16.5	0.28	60	24.8	149	18.9	95
25.0	0.42	60	23.0	198	14.1	123
25.0	0.42	60	24.2	215	16.8	119
25.0	0.42	60	21.5	206	18.3	127
25.0	0.83	30	26.1	268	12.1	108
25.0	0.83	30	24.2	234	12.8	118
25.0	0.83	30	27.2	286	13.0	127
33.0	0.28	120	27.2	324	17.5	198
33.0	0.28	120	24.7	315	18.0	226
33.0	0.28	120	23.7	298	18.9	231
37.5	1.25	30	24.9	315	12.1	172
37.5	1.25	30	24.3	318	12.9	183
37.5	1.25	30	24.7	321	15.1	196
50.0	0.42	120	23.6	356	15.2	265
50.0	0.42	120	23.0	362	15.9	278
50.0	0.42	120	22.3	371	18.1	295
50.0	0.83	60	21.3	323	11.3	215
50.0	0.83	60	22.5	342	12.2	223
50.0	0.83	60	23.6	379	13.8	251
50.0	1.67	30	25.3	412	14.4	265
50.0	1.67	30	24.1	396	14.5	229
50.0	1.67	30	21.0	387	15.3	276
75.0	1.25	60	21.8	432	12.8	353
75.0	1.25	60	24.6	423	15.5	365
75.0	1.25	60	25.9	488	16.4	389

　　为了分析影响降雨入渗湿润锋推进距离的主要因素，利用 SPSS 软件分别对中心灌溉试验站和霍泉灌溉试验站试验观测所得湿润锋推进距离与降水量、降水强度和前期土壤含水量进行多元回归分析，建立多元回归模型：

$$中心站：Z_f = 5.438P_r + 25.944I + 10.704\theta_i \tag{3.14}$$

$$霍泉站：Z_f = 5.052P_r + 4.417I + 7.083\theta_i \tag{3.15}$$

多元回归分析结果见表 3.4，结果表明：上述两个站点的降雨入渗湿润锋推进距离均可以通过降水量、降雨强度和前期土壤含水量 3 个因子构成的多元回归模型模拟得到，回归模型相关系数分别为 0.915 和 0.973，模拟能力均通过 0.001 显著性水平检验。同时，为了分析得到影响降雨入渗湿润锋推进距离的主要因素，分别对两个站点的降雨入渗湿润锋推进距离与降水量、降水强度和前期土壤含水量进行偏相关分析。结果表明降雨量和土壤前期含水量对降雨入渗湿润锋推进距离的影响较大，其中降雨量的影响最大，呈明显的正相关关系。正相关系数和偏相关系数均超过 0.9；降雨强度对降雨入渗湿润锋推进距离的影响较小，无明显相关性。

表 3.4　　　　　　　降雨入渗湿润锋推进距离与降水量、降水强度

和前期土壤含水量的关系

站名	样本数	R^2	$R_{Z_f - P}$	$R_{Z_f - I}$	$R_{Z_f - \theta_i}$
中心站	33	0.915***	0.924***	0.274	0.468**
霍泉站	33	0.973***	0.976***	−0.088	0.664***

注　1. $R_{Z_f - P}$ 表示降雨入渗湿润锋推进距离与降水量的偏相关系数。

2. $R_{Z_f - I}$ 表示降雨入渗湿润锋推进距离与降水强度的偏相关系数。

3. $R_{Z_f - \theta_i}$ 表示降雨入渗湿润锋推进距离与前期土壤含水量的偏相关系数。

4. ***、** 分别表示相关系数通过 $\alpha = 0.001$ 和 $\alpha = 0.01$ 的显著性水平检验。

采用纳什效率系数和相关系数两个指标表征改进的 Green - Ampt 入渗模型模拟结果与实际降雨入渗量之间的吻合程度，进而评价利用改进的 Green - Ampt 入渗模型求解累计入渗量的可靠性以及在山西省的适用性。

纳什效率系数 E_f 的计算公式如下：

$$E_f = 1 - \frac{\sum_{t=1}^{n}(Q_0^t - Q_m^t)^2}{\sum_{t=1}^{n}(Q_0^t - \overline{Q}_0)^2} \tag{3.16}$$

式中：E_f 为纳什效率系数；Q_0^t 为实际入渗量，mm；Q_m^t 为模型模拟值，mm；$\overline{Q}_0$ 为实际入渗量的平均值，mm；n 为资料系列长度。

E_f 取值范围为：$(-\infty, 1]$，其值越大，模拟结果越好，模型的可信度也越高；反之，模型的模拟效果越差。

相关系数 r 由下式计算得到：

$$r = \frac{\sum_{i=1}^{n}(x_i - \overline{x})(y_i - \overline{y})}{\sqrt{\sum_{i=1}^{n}(x_i - \overline{x})^2 \sum_{i=1}^{n}(y_i - \overline{y})^2}} \qquad (3.17)$$

式中：r 为模型模拟值与实际入渗量的相关系数；x_i 为实际入渗量，mm；y_i 为模型模拟值，mm；$\overline{x}$ 为实际入渗量的平均值，mm；$\overline{y}$ 为模型模拟值的平均值，mm；n 为数据个数。

r 数值越接近 1，其拟合程度越高。

结果表明：中心灌溉试验站和霍泉灌溉试验站改进的 Green – Ampt 入渗模型纳什效率系数 E_f 分别为 0.86 和 0.97，相关系数 r 分别为 0.93 和 0.99，即模型模拟得到的累计入渗量与降雨入渗量实测值之间具有较高的吻合度。综上，改进的 Green – Ampt 入渗模型在山西省具有较好的适用性。

3.2.1.2.3　模型关键参数确定方法

由式（3.11）可见，前期土壤含水量、饱和含水量和土壤容重是影响降雨累计入渗量的主要参数，也是求解累计入渗量的关键。

1. 土壤容重及饱和含水量

土壤容重是重要的土壤物理参数之一，可从农业气象站直接获取。由于多数农业气象站不测量饱和含水量，可利用饱和含水量经验公式求解，具体方法为

$$p = \left(1 - \frac{\rho}{\rho_s}\right) \times 100\% \qquad (3.18)$$

$$\theta_s = \frac{p}{\rho} \times 100\% \qquad (3.19)$$

式中：p 为土壤孔隙度，%；θ_s 为饱和含水量，%；ρ 为土壤容重，g/cm³；ρ_s 为土壤密度，常取 2.65g/cm³。

表 3.5 为山西省 14 个主要农业气象监测站点的土壤物理参数。由于站点数量有限，在计算降雨累计入渗量时，部分无资料站点用相近站点的土壤物理参数值代替。

表 3.5　　山西省 14 个主要农业气象监测站点的土壤物理参数

站名	深度/cm	容重/(g/cm³)	田间持水量/%	饱和含水量/%	站名	深度/cm	容重/(g/cm³)	田间持水量/%	饱和含水量/%
河曲	0～20	1.37	13.9	33.7	忻州	0～20	1.31	23.8	37.1
	20～50	1.49	12.1	28.0		20～50	1.43	24.1	31.0
灵丘	0～20	1.31	22.0	37.3	汾阳	0～20	1.31	22.9	37.3
	20～50	1.36	22.4	34.4		20～50	1.43	23.5	31.0

站名	深度 /cm	容重 /(g/cm³)	田间持水量/%	饱和含水量/%	站名	深度 /cm	容重 /(g/cm³)	田间持水量/%	饱和含水量/%
太谷	0～20	1.41	23.2	31.9	安泽	0～20	1.39	20.8	33.0
	20～50	1.60	21.5	23.4		20～50	1.41	20.0	32.1
昔阳	0～20	1.37	24.1	34.1	长治	0～20	1.22	26.8	43.2
	20～50	1.46	21.7	29.4		20～50	1.34	26.0	35.6
隰县	0～20	1.34	21.3	35.4	万荣	0～20	1.29	23.2	38.5
	20～50	1.32	21.7	36.6		20～50	1.38	21.2	33.3
介休	0～20	1.26	24.0	40.1	运城	0～20	1.33	22.3	36.0
	20～50	1.33	26.2	36.1		20～50	1.45	20.6	29.9
临汾	0～20	1.42	22.5	31.2	晋城	0～20	1.22	24.1	42.8
	20～50	1.47	21.7	29.1		20～50	1.44	22.2	30.4

2. 前期土壤含水量

土壤的前期含水量是影响降雨入渗和水分传导的重要因子，前期含水量能够改变土壤的基质势以及水分渗流过程中前沿湿润锋锋面处的水势梯度，进而影响土壤水分的入渗变化过程。因而，正确处理前期土壤含水量是影响降雨重建结果是否可靠的关键。

自然条件下，土壤中的水分主要来源于降水。由于降水年际变化较大，前期土壤含水量也存在明显的年际变化。将 14 个农业气象站点 1994—2012 年逐月的土壤含水量进行分级处理，以 15%、20%、30%、20%、15% 的分布频率将各月土壤含水量分为 5 个等级（其中：1 级表示该月土壤湿润，即土壤含水量多；5 级表示该月土壤干燥，即土壤含水量少；3 级表示该月土壤含水量与多年平均值相当；2 级和 4 级分别表示偏湿和偏干）。分 0～20cm 和 20～50cm 两层计算各月各个级别土壤含水量平均值（图 3.5），将其作为重建站点该月降雨入渗过程的前期土壤含水量。据《山西水旱灾害》等资料记载，清光绪初年（1875—1879 年）山西省极端干旱事件"实为历史上罕见的严重灾害"，全省多地出现"大旱，民饥""寸草不生""赤地千里"等情形，随着旱情的加剧，已达到"饿死盈途""人相食"的地步。同时，考虑到本书主要研究对象是历史典型场次干旱事件的重建，因此本书认为 1875—1879 年由于降水短缺，土壤含水量明显低于多年平均值，同时考虑旱情的发展过程，将 1875—1879 年土壤含水量分成正常年、偏湿年和干燥年三级，其中 1875 年为 4 级（偏干年）、1876 年为 4 级（偏干年）、1877 年为 5 级（干燥年）、1878 年为 4 级（偏干年）、1879 年为 3 级（正常年）。与现代农业气象站分频率得

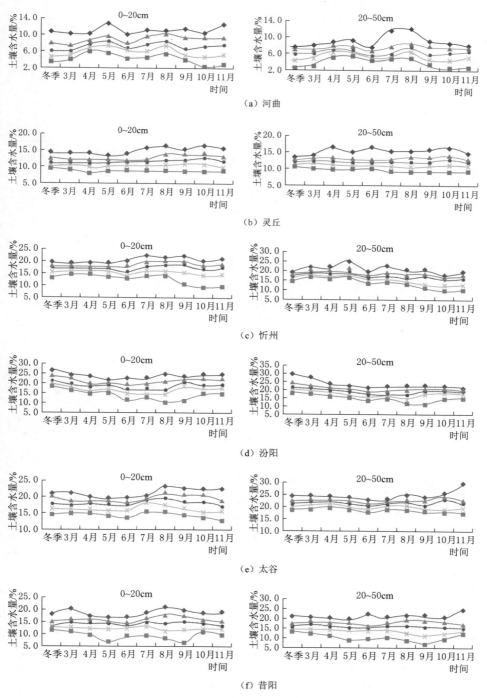

图 3.5（一）　山西省 14 个站点不同深度土层各级土壤含水量取值

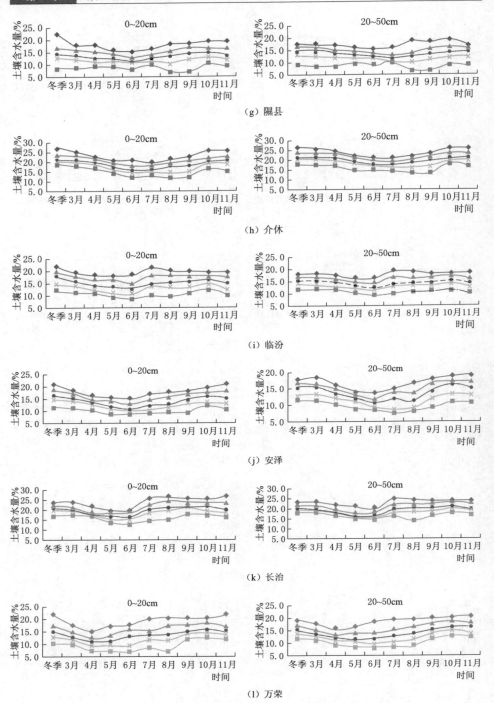

图 3.5（二）　山西省 14 个站点不同深度土层各级土壤含水量取值

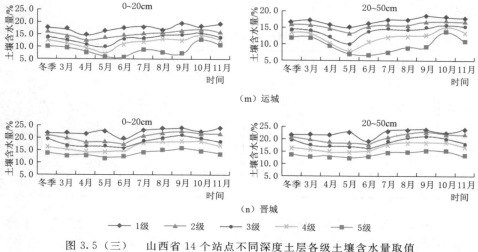

图 3.5（三）　山西省 14 个站点不同深度土层各级土壤含水量取值

到的各月对应级别的土壤含水量的平均值对照，作为 1875—1879 年不同等级年下各月份降雨入渗过程的前期土壤含水量。需要说明的是由于山西省大部分地区的耕作层土壤在冬季（12 月至次年 2 月）存在明显的封冻期，期间大多数站点在冬季不进行土壤含水量观测。同时，山西省冬季降水主要以降雪为主，降雨出现的概率较少，且降水占全年总降水量的 2%～3%，入渗深度一般不超过 20cm，故其深层土壤冬季含水量不予计算。

3. 入渗系数

关于入渗系数，相关实验表明，在土壤质地为砂壤土的地区，降雨强度 p 与入渗系数有如下关系：

$$p \leqslant 0.5\text{mm/min}, \ \beta = 0.84;$$
$$1.0\text{mm/min} \geqslant p > 0.5\text{mm/min}, \ \beta = 0.72;$$
$$p > 1.0\text{mm/min}, \ \beta = 0.46$$

降雨强度 $p \leqslant 0.5\text{mm/min}$，$1.0\text{mm/min} \geqslant p > 0.5\text{mm/min}$ 和 $p > 1.0\text{mm/min}$ 基本对应于该地区自然降雨中的中雨、大雨和暴雨类型。

相关研究表明，山西省境内土壤质地多为砂土和壤土，因而可参考降雨强度与入渗系数之间的关系确定不同站点的入渗系数。由于山西省地形复杂且南北纬度跨度大，为便于确定各个站点的降雨入渗系数，考虑纬度对降水的影响以及山西省实际业务规范，将山西省分为北部、中部及南部三个区域，从区域内地市中各选取一个代表气象站点（表 3.6）。山西省雨热同期，降水高度集中在 6—9 月，因而对选定的代表站 1985—2010 年雨季（6—9 月）逐日的降水资料进行统计分析，并按区域分析雨季各月份的降雨类型特点。

表 3.6　　　　　　　　　　　　　山西省各区域代表站点

区域	地级市	气象站点（区站号）	区域	地级市	气象站点（区站号）
北部	大同	大同（53487）	中部	吕梁	离石（53764）
	朔州	朔州（53578）		阳泉	阳泉（53782）
	忻州	五寨（53663）	南部	临汾	临汾（53868）
中部	太原	太原（53772）		运城	运城（53959）
	晋中	太谷（53775）		长治	长治（53882）
				晋城	晋城（53976）

　　如图 3.6 所示，对各分区内代表站点雨季（6—9 月）逐日的降雨类型比例进行统计分析（降雨强度参照中国气象局降水强度等级划分标准划分）。整体上，北部、中部、南部地区雨季各月份的不同降雨类型所占比例基本一致，均以小雨、中雨为主，其中，北部和中部地区 6 月小雨所占比例大于 80%，且出现暴雨、大暴雨的比例极小。而 7 月和 8 月，中、大、暴雨的比例较 6 月、9 月均有所增加。从区域来看，北、中、南部地区中雨、大雨、暴雨比例呈增加趋势。在 6 月和 9 月，不同地区降雨类型所占比例接近；7—8 月，各地区 8 月中雨比例较 7 月增加；南部地区大雨、暴雨类型较北部、中部地区

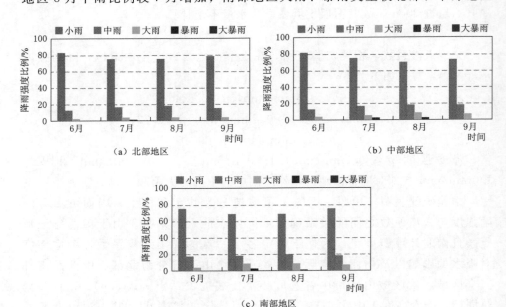

（a）北部地区　　　　　　　　（b）中部地区

（c）南部地区

图 3.6　各分区雨季各月份不同强度降水所占比例

有所增加。考虑到降雨量及降雨强度的年际变率较大,对各分区月降雨量与降雨强度的关系进行统计分析,综合各种降雨类型比例确定不同降雨量区间的入渗系数。山西省各分区雨季不同降水量与降雨强度关系如图 3.7 所示。

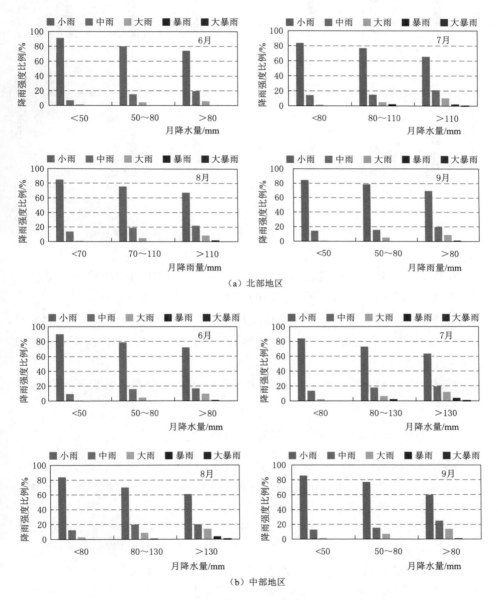

图 3.7 (一) 山西省各分区雨季不同降水量与降雨强度关系

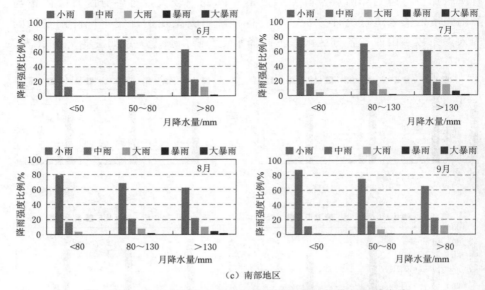

(c) 南部地区

图 3.7（二）　山西省各分区雨季不同降水量与降雨强度关系

由图 3.7 可知，各地区雨季各月份不同降雨类型比例变化较大，综合不同降雨类型比例确定不同降雨量区间的入渗系数，具体方法如下：

$$\bar{\beta}=p_s+0.84p_m+0.72p_l+0.46p_h \tag{3.20}$$

式中：$\bar{\beta}$ 为综合入渗系数；p_s 为小雨类型的比例；p_m 为中雨类型的比例；p_l 为大雨类型的比例；p_h 为暴雨及大暴雨比例。

按式（3.20）分别计算出北部、中部及南部地区雨季各月份不同降雨量区间的综合入渗系数。

3.2.2　历史典型场次干旱事件降雪量重建方法

雨雪分寸资料中的"雪分寸"与现代农业气象站的观测记录方法一致，可直接利用降雪量和积雪深度之间的定量转换关系重建历史典型场次干旱事件的降雪量，其关系式为

$$P_s=H_s\rho_s \tag{3.21}$$

式中：P_s 为降雪量；H_s 为月降雪累计深度，即月累计雪分寸；ρ_s 为雪密度。

关于雪密度的确定，本书参照我国《建筑结构荷载规范》（GB 50009—2012）（以下简称《规范》）中对不同地区平均积雪密度的划分，华北及西北地区平均积雪密度可取 0.13g/cm³。戴礼云等利用气象测站的地面雪深和雪压数据分析得出的山西地区降雪密度与《规范》中建议的雪密度数值基本一

致。为此，本书中山西省的平均降雪密度取值为 0.13g/cm³，利用式（3.21）即可求出月降雪量。

3.3 清光绪初年山西大旱降水重建结果分析

基于历史典型场次干旱事件降水重建方法，重建了清光绪初年（1875—1879 年）山西省 95 个县（区）逐月降水序列，将降水量按年累计得到 1875—1879 年逐年降水量（表 3.7）。由表 3.7，整体来看，1875—1879 年连续五年降雨量短缺严重。其中，1875 年全省各站点年降水量为 22.6～462.8mm，1876 年降水量为 25.8～483.5 mm，1877 年降水量为 21.6～275.8mm，1878 年降水量为 71.8～746.4mm，1879 年降水量为 57.5～701.4mm。1875—1877 年降水严重短缺且呈逐渐减少的趋势，其中 1877 年降水量短缺最为严重，1878 年降水量较之前明显增加，至 1879 年降水量有所减少。

表 3.7　清光绪初年山西省 1875—1879 年 95 个重建站点逐年降水量

序号	站点名	降 水 量/mm				
		1875 年	1876 年	1877 年	1878 年	1879 年
1	阳高	262.99	158.67	142.61	369.18	430.43
2	天镇	164.91	94.45	114.89	226.10	153.33
3	广灵	58.91	185.36	111.58	152.35	112.06
4	灵丘	22.57	42.58	102.82	95.53	158.55
5	浑源	272.87	199.77	170.52	353.16	210.35
6	左云	130.37	131.46	152.77	170.78	170.96
7	大同	217.65	116.62	118.98	383.78	226.10
8	朔州	88.37	79.68	58.21	291.68	122.32
9	平鲁	159.95	181.03	124.85	656.13	201.22
10	山阴	128.88	34.42	126.09	298.70	255.73
11	应县	132.27	147.88	86.11	370.88	301.42
12	右玉	94.95	215.88	52.75	180.42	188.92
13	怀仁	110.79	134.53	219.17	298.71	145.31
14	忻州	343.78	231.76	237.72	200.30	194.54
15	定襄	181.79	207.13	220.75	255.89	110.85
16	五台	170.30	258.67	145.04	155.63	140.23
17	代县	400.79	196.63	226.93	233.68	174.59
18	繁峙	104.81	147.68	127.17	108.43	161.26

序号	站点名	降 水 量/mm				
		1875 年	1876 年	1877 年	1878 年	1879 年
19	宁武	84.52	151.17	136.77	287.75	84.42
20	静乐	156.78	117.80	134.93	243.32	244.90
21	原平	201.70	243.00	178.43	321.99	125.84
22	神池	240.56	165.92	275.79	294.25	294.22
23	五寨	57.12	199.31	172.47	243.45	102.03
24	岢岚	46.21	47.19	140.03	265.46	92.63
25	河曲	64.41	84.93	146.18	132.82	77.25
26	保德	49.36	145.42	150.14	87.70	132.66
27	偏关	78.76	105.19	76.99	155.30	96.10
28	太原	143.03	99.77	146.27	306.54	219.47
29	清徐	156.28	183.76	107.35	261.99	225.95
30	阳曲	263.48	222.04	212.74	325.30	319.15
31	平定	100.67	305.52	265.22	409.61	305.34
32	盂县	137.83	100.49	92.20	251.68	120.56
33	榆次	201.65	130.87	108.22	355.15	152.36
34	榆社	34.40	48.55	71.21	71.82	86.09
35	寿阳	75.10	106.91	94.48	301.28	179.27
36	太谷	138.45	55.35	138.28	321.96	254.65
37	祁县	77.81	68.17	169.13	246.12	191.05
38	左权	117.79	115.86	194.00	420.02	198.06
39	和顺	109.24	188.22	55.01	129.33	177.57
40	平遥	237.51	160.86	130.73	594.73	268.69
41	灵石	208.82	188.23	122.72	431.24	164.00
42	介休	207.77	154.35	215.40	594.10	302.15
43	离石	135.44	180.76	220.23	493.85	101.05
44	文水	158.65	135.89	69.29	380.35	149.98
45	交城	133.41	198.12	128.18	128.23	180.93
46	兴县	49.75	53.59	81.59	165.84	88.43
47	临县	61.13	112.69	214.02	189.46	80.15
48	石楼	107.86	114.42	38.71	134.67	159.07
49	岚县	40.85	163.48	216.19	145.22	59.29

序号	站点名	降 水 量/mm				
		1875 年	1876 年	1877 年	1878 年	1879 年
50	中阳	192.96	124.95	155.14	299.09	516.00
51	孝义	352.11	247.43	159.32	377.41	228.55
52	汾阳	310.98	194.13	161.64	509.41	507.00
53	长治	313.60	345.74	227.72	663.94	305.26
54	襄垣	176.08	196.48	202.27	540.62	251.68
55	屯留	244.66	204.10	117.95	504.53	308.35
56	黎城	162.06	260.79	211.89	513.25	370.74
57	壶关	259.50	147.63	195.89	520.23	57.47
58	长子	276.58	248.87	147.71	381.61	195.08
59	武乡	99.92	165.52	161.57	355.61	249.34
60	沁县	119.84	156.93	233.28	609.13	484.09
61	沁源	200.66	147.48	128.92	317.67	121.91
62	潞城	199.54	245.37	105.52	487.12	622.43
63	晋城	317.39	244.24	131.76	564.43	410.90
64	沁水	235.44	145.99	99.31	389.71	358.56
65	阳城	135.93	197.85	127.01	477.80	428.65
66	陵川	114.17	229.90	213.69	296.70	258.71
67	高平	212.31	267.35	217.53	551.17	198.25
68	临猗	164.89	252.16	270.37	685.00	359.77
69	万荣	272.62	341.72	121.36	390.90	277.72
70	河津	170.40	452.05	191.43	646.72	209.15
71	稷山	81.09	142.00	257.05	604.76	293.57
72	新绛	378.41	483.46	162.05	497.13	637.74
73	运城	292.98	331.88	154.47	462.08	250.86
74	绛县	73.24	104.53	44.61	270.32	292.62
75	垣曲	131.89	261.39	45.61	419.46	418.99
76	夏县	227.12	285.68	171.22	517.57	225.31
77	平陆	141.71	258.51	187.44	286.61	279.55
78	闻喜	462.81	249.65	160.35	400.17	546.22
79	芮城	61.13	146.23	84.89	418.75	283.82
80	永济	223.29	239.66	142.46	392.68	194.45

序号	站点名	降水量/mm				
		1875 年	1876 年	1877 年	1878 年	1879 年
81	临汾	327.40	132.30	90.51	213.78	128.35
82	曲沃	294.51	158.46	89.95	406.59	271.49
83	翼城	153.68	121.36	80.77	382.57	181.50
84	襄汾	175.25	153.61	58.38	269.23	193.04
85	洪洞	291.92	55.68	21.65	290.56	172.10
86	安泽	44.30	167.76	106.52	366.49	223.56
87	浮山	110.15	96.33	118.34	306.04	108.43
88	吉县	29.89	88.60	73.59	144.79	94.71
89	乡宁	63.43	135.97	76.12	347.54	191.52
90	大宁	29.09	25.80	68.33	157.40	210.05
91	霍州	276.14	291.84	117.20	654.89	178.89
92	隰县	109.74	96.28	72.19	336.06	160.87
93	永和	138.94	124.33	87.35	418.02	348.32
94	蒲县	139.24	115.64	95.53	257.94	106.14
95	汾西	157.60	126.82	76.76	746.37	701.40

利用泰森多边形法求得山西省各地市 1875—1879 年年降水量（表 3.8）。1875—1879 年，全省范围内降水量持续性短缺，1875—1877 年连续三年全省平均降水量不足 200.0mm，其中 1877 年全省平均降水仅为 130.3mm。1878 年降水量略有增加，全省平均降水量为 300.5mm，1879 年全省平均降水量减少至 190.9mm。

表 3.8　　　　山西省各地市 1875—1879 年年降水量

地级市	降水量/mm				
	1875 年	1876 年	1877 年	1878 年	1879 年
大同	162.5	127.9	131.1	252.8	202.8
朔州	121.1	137.1	103.2	359.6	207.5
忻州	152.1	169.5	160.7	208.7	145.5
太原	202.0	193.8	156.4	293.1	266.1
阳泉	123.9	177.5	157.2	311.0	190.0
晋中	129.2	129.1	113.0	299.4	185.2

地级市	降　水　量/mm				
	1875 年	1876 年	1877 年	1878 年	1879 年
吕梁	132.4	140.4	153.3	268.2	187.3
长治	195.5	196.0	173.9	473.4	274.2
晋城	202.4	215.2	154.5	458.4	338.6
运城	193.9	263.9	143.1	455.8	324.8
临汾	139.5	127.3	83.9	345.8	206.2
全省平均	147.1	149.0	130.3	300.5	190.9

各地市 1875—1879 年年降水量较多年平均严重偏少，其中，1875—1877 年连续三年年降水量严重短缺。1875 年各地市年降水量不足 210.0mm，其中，晋城市年降水量最大，但仅为 202.4mm；最小值为朔州市，年降水量为 121.1mm。1876 年，各地市年降水量略有增加，但降水量亏缺仍较严重，其中降水量最大值仅为 263.9mm，最小值为 127.3mm；1877 年，各地市年降水量亏缺最为严重，均不足 180mm，最小值仅为 83.9mm；1878 年年降水量较 1875—1877 年明显增多，但较多年平均仍偏少，整体上南部地区降水高于北部地区，1878 年南部地区的运城、晋城、长治等市年降水量均高于 400.0mm，全年降水量最小值为忻州市的 208.7mm。1879 年年降水量较 1878 年有所减少，各地市年降水量差异较大，其中晋城市年降水量为 338.6mm，为各地市的最大值，最小值为忻州市，年降水量仅为 145.5mm。综上，1875—1879 年各地市年降水量亏缺严重，其中 1875—1877 年年降水量亏缺最为严重，连续 3 年年降水量严重不足。

第4章　清光绪初年山西大旱径流和土壤水重建研究

结合第 3 章重建的清光绪初年山西省降水量序列，本章引入大尺度分布式陆面水文模型——VIC 模型。基于山西省境内汾河流域的 3 个主要水文站点的长序列（＞20 年）径流观测资料，校正 VIC 模型参数，构建了适用于山西省的 VIC 高分辨率（10km）模拟框架；在此基础上，将基于雨雪分寸档案重建的 1875—1879 年逐月降水序列降尺度处理成连续的逐日降水序列，驱动 VIC 模型，重建了山西省 1875—1879 年逐月径流和土壤水序列。

4.1　VIC 模型简介

VIC 模型是基于土壤-植被-大气系统水热传输思想开发的大尺度分布式水文模型。该模型不仅在国际河流得到了应用，在我国多个流域也得到了广泛应用。其中，VIC 模型应用在我国的黄河、长江以及海河等流域，主要开展植被变化、土壤水变化以及径流变化的模拟。VIC 模型区别于其他水文模型的显著特点包括蒸发过程考虑作物冠层蒸发及蒸腾、选择饱和与非饱和土壤水运动的达西定律描述土壤水的运移。在径流模拟方面，VIC 模型同时考虑超渗产流和蓄满产流机制，可实现径流的网格化空间模拟。此外，在水量平衡的基础上，该模型也考虑了能量平衡。基于以上的优点，本书选择 VIC 模型模拟重建历史典型场次干旱时期的径流与土壤水序列。

VIC 模型主要由蒸散发模块、土壤模块以及能量与物质均衡模块组成。蒸散发模块将土壤分为上层土壤和下层土壤，具体分为 5 层土壤进行单独模拟。

在每个计算网格和模拟步长，VIC 模型始终遵循着水量平衡原理，即

$$\frac{\partial S}{\partial t} = P - E - R \tag{4.1}$$

式中：$\frac{\partial S}{\partial t}$、$P$、$E$、$R$ 分别表示区域水量的时段变化、区域时段的降水量、蒸散发量和径流量。

通过耦合独立的汇流模型，VIC 模型将各网格内的模拟径流汇集到流域

出口，实现出口断面的流量过程模拟。图 4.1 为 VIC 模型结构示意图。

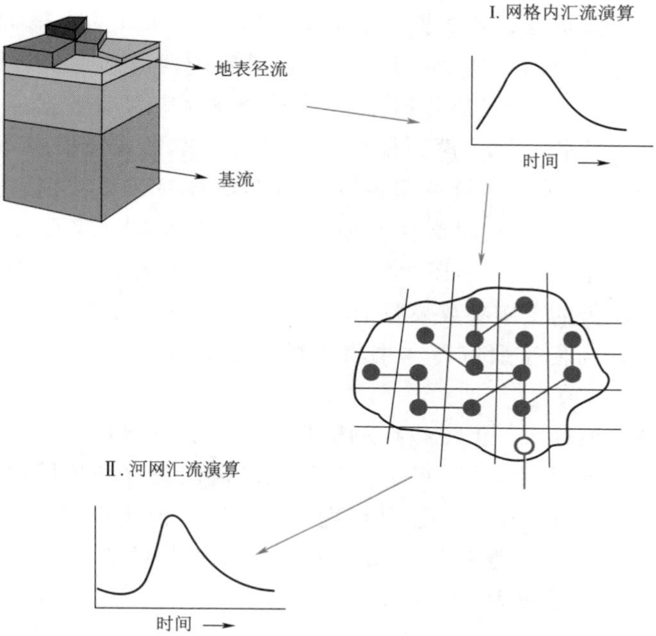

图 4.1 VIC 模型结构

4.2 VIC 模型校正

4.2.1 模型输入

VIC 模型所需输入分为两类：一类是包含降雨、气温、风速等变量的气象驱动数据；另一类是 DEM 地面高程数据及包含土壤、植被信息的陆面特征数据。本书将山西省划分为 1024 个 1/8°（12km）空间分辨率的网格，在此基础上准备 VIC 模型所需的陆面参数和气象强迫网格化数据。

（1）气象强迫输入。VIC 模型模拟所需气象数据主要包括降雨量，最低、最高及平均气温，平均风速，平均水气压，太阳辐射以及平均相对湿度等。基于山西省境内 95 个气象站点 1975—2009 年的气象数据，利用 SYMAP 算法，将 95 个站点的降雨、温度和风速等变量的逐日观测值插值到 1/8°空间分辨率的网格中。插值过程考虑了海拔对温度的影响，生成了一套覆盖山西省全境、空间分辨率为 1/8°的 VIC 模型气象强迫输入数据（包含降雨、最高气温、最低气温和风速四个气象变量），起止年份为 1975—2009 年，时间分辨率为日尺度。

（2）陆面参数。模型所需要的陆面参数主要包括地理信息数据、土地利用、地形地势、土壤参数等数据。本书将分辨率为 1km 的全球 DEM 数据重采样到空间分辨率为 1/8° 的空间网格中，得到山西省地面高程信息。植被数据选用 Maryland 大学成果数据库中 1km 全球地表覆盖数据。基于已开发的全国 0.25° 分辨率的 VIC 模型植被参数文件，本书通过插值等方法处理，获取了山西省 1/8° 网格的植被覆盖以及地形地势参数等数据，并以此作为模型所需的植被类型参数库文件和地形地势参数文件。需要注意的是，本书假设研究时段内（1875—1879 年）山西省植被类型或者地表覆盖保持不变。VIC 模型所需的土壤参数来源于联合国粮农组织（FAO）提供的全球 5′ 的土壤数据集，为便于研究，本书将该数据集处理为适用于 VIC 模型的数据集。

（3）汇流模型输入。汇流模块的数据主要包括区域降水单位线、汇流流向等数据。本书分别提取并获得了汾河流域的流向文件和流域内各 1/8° 网格的有效面积比例文件。由于关注月尺度模拟，因此汇流模型所需的流速、流量扩散系数、月单位线等参数直接采取模型提供的缺省值，即设定流速为 1.5m/s，流量扩散系数为 800m²/s。

4.2.2　模型率定

利用 4.2.1 生成的 1975—2009 年网格化（1/8°）气象强迫数据集和陆面参数数据驱动 VIC 模型，获取每个网格在指定时段的地表径流和地下径流日序列。选取位于汾河干流的 3 个径流观测站，通过实测径流量与模拟径流量的对比，对 VIC 模型进行参数率定和验证。VIC 模型需要率定和验证的参数见表 4.1。

表 4.1　　　　　　　　　　　　VIC 模型需要率定和验证的参数

参数符号	参数描述	参数符号	参数描述
b_{inf}	可变下渗能力曲线参数	D_{smax}	底层土壤最大基流
d_2	上层土壤深度	D_s	基流非线性增长时 D_{smax} 的比例
d_3	底层土壤深度	W_s	底层土壤最大水分含量的比值

选取汾河流域静乐、义棠、河津三个径流观测站 1981—2000 年的天然径流（即去除水库、灌溉等人为影响）进行模型参数率定。同时，基于气候相似性的原则，将已率定区域的参数移植到未校正地区，最终确定山西省全境空间分辨率为 1/8° 网格的模型参数。

本书采用参数模拟最优组合值开展径流和土壤含水量模拟，并选取纳什效率系数（E_f）和相对误差（E_r）两个统计定量指标评估模型参数校正效果。具体计算公式如下：

$$E_f = 1 - \frac{\sum (Q_{i,o} - Q_{i,s})^2}{\sum (Q_{i,o} - \overline{Q_o})^2} \tag{4.2}$$

$$E_r = (\overline{Q_s} - \overline{Q_o}) / \overline{Q_o} \times 100\% \tag{4.3}$$

式中：$Q_{i,o}$ 与 $Q_{i,s}$ 分别为在 i 月的实测和模拟流量，$\mathrm{m^3/s}$；$\overline{Q_s}$ 和 $\overline{Q_o}$ 分别指的是实测与模拟的多年平均流量，$\mathrm{m^3/s}$。

图 4.2 为率定期内各站点 VIC 模拟径流与月实测径流对比。结果显示，VIC 模拟径流与实测径流序列在所有站点的 E_f 值均超过 0.50，表明校正后的 VIC 模型能够合理重现多年径流的年际变化，在山西省各站点具有较好的适用性。在多年平均尺度上，3 个站点的径流模拟值与实测值的相对误差均维持在 10% 以内，这表明 VIC 模型模拟的多年均值与实测值非常接近。上述评估表明，经过校正的 VIC 模型能成功重现汾河流域径流的年际变化和长期趋势，可用于重建汾河流域的水循环过程。

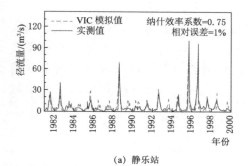

（a）静乐站 　　　　　　　　　　（b）义棠站

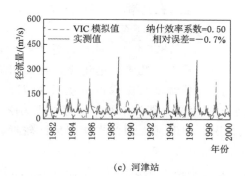

（c）河津站

图 4.2　VIC 模型在各水文站点的 VIC 模拟与实测月径流量序列对比

4.3　清光绪初年山西大旱径流和土壤水重建结果分析

　　为重建光绪初年山西大旱期间的径流和土壤水序列，利用重建的 1875—1879 年山西省 95 个站点逐月降水序列作为 VIC 模型的气象驱动数据。由于 VIC 模型需要日尺度的降水输入，为此需要将重建的月降水序列处理为日降水序列。鉴于本书主要关注长历时的干旱事件，这里采用比例系数法对 1875—1879 年的逐月降水进行偏差矫正和降尺度处理，保证降尺度之后逐月降水量值不受影响。以第 i 年第 j 月为例，具体步骤如下：

　　1）在具有日尺度气象观测的时段中选取 1975 年作为基准年，利用第 i 年第 j 月的月降水量除以基准年第 j 月的月降水量，得到第 i 年第 j 月的降水量矫正系数 $r_{i,j}$；

　　2）以基准年第 j 月的日降水序列为基准，分别乘以矫正系数 $r_{i,j}$，得到第 i 年第 j 月的日降水序列。通过上述降尺度方法，得到了 95 个站点 1875—1879 年时段的逐日降水序列。结合各站点的经纬度位置和高程信息，利用 SYMAP 方法对降水进行了插值网格化处理，得到全省 1875—1879 时段空间分辨率为 1/8°网格的逐日降水序列。

　　由于缺少相关历史资料，目前尚难以重演获取 1875—1879 年的温度和风速资料。为此，本书直接选用 1975—1979 年的多年平均值作为 VIC 模型模拟所需的气象驱动输入。至此，利用降尺度得到的 1875—1879 年逐日气象序列（降水、温度和风速）驱动 VIC 水文模型，重建得到山西省 1875—1879 年每个 1/8°网格的逐月径流和土壤水序列。

4.3.1　径流重建结果

　　光绪初年特大旱灾的旱情在水文上也有所反映。根据方志记载，晋南一带的黄河、汾河、浍河、涑水在光绪三年都出现降水量大减甚至枯竭的现象。据光绪《吉州志》，光绪二年（1876 年）冬十一月"壶口上流河水断绝数十余丈，半日方接"；光绪三年（1877 年），自春徂夏半年不雨，"汾水断流"；霍州、曲沃也都有"六月，汾、浍几竭"的记载；在绛州境内，六七月浍水也曾枯竭两次，"各旬余"；翼城境内涑水也出现干涸情况。另据曾国荃八月奏言，"陕省入夏以来雨泽愆期，渭河水浅，上运盐更为吃力，近来水势益小"。虽然说的是渭河的情况，但渭河距山西省南部地区较近，一定程度上反映了晋南一带地表径流减少情况。

　　图 4.3 为重建的山西省 1875—1879 年逐年径流深空间分布。整体上，1875—1877 年各地区年径流深均不足 60mm，1875 年径流深介于 0.16～58.69mm，

1876 年介于 0.41～43.47mm，1877 年介于 0.53～41.9mm；相较于 1875—1877 年，1878—1879 年的年径流深有所增加，其中 1878 年径流深的最大值为 122.42mm，1879 年径流深的最大值为 106.33mm。以网格为单位，逐年统计径流深小于 10mm 的区域比例，结果显示，1875—1879 年山西全境径流深小于 10mm 区域的比例依次为 55%、48%、58%、19%、30%，1878—1879 年径流深大于 60mm 区域的比例分别为 8%、2%。由此可知，相比较于 1878—1879 年，1875—1877 年水文干旱较为严重，且干旱覆盖面积较大。

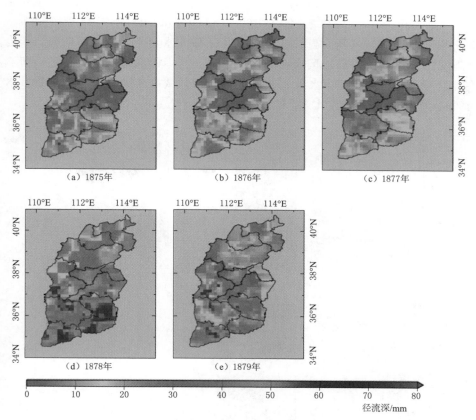

图 4.3　重建的山西省 1875—1879 年逐年径流深空间分布

就区域平均而言，1875—1879 年整个大旱期间，山西省多年平均年径流深仅为 16.34mm，其中逐年平均年径流深分别为 11.38mm、11.58mm、9.88mm、29.79mm 和 19.10mm。空间上，1875—1879 年，山西省中部地区连续多年径流深不足 10mm；1875—1877 年径流深在空间分布上无明显的变化，1878 年，除中部地区径流深仍不足 10mm 外，其他地区径流深增加明显，其中山西省长治地区年径流深超过 70mm；相比较于 1878 年，1879 年全境径流深有所减少，南部地区的径流深要明显多于北部地区，呈明显的南多北少的空间格局。

4.3.2 土壤水重建结果

图 4.4 为重建的山西省 1875—1879 年逐年土壤含水量空间分布。整体上，1875—1879 年各地区的土壤含水量为 150～510mm。其中，1875 年土壤含水量介于 159.7～484.5mm，1876 年介于 159.7～469.2mm，1877 年介于 160.5～459.9mm，1878 年介于 160～484.9mm，1879 年介于 159.7～505.6mm。如图 4.4 所示，1875—1879 年土壤含水量年际变化不明显，年内土壤含水量分布由中部地区向四周逐渐减少。其中中部地区，尤其是汾河流域上、中游地区，土壤含水量大于 300mm，该区域占全境的 23%；土壤含水量小于 180mm 的区域占比为 31%。

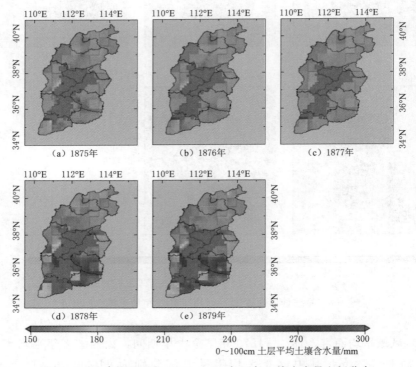

图 4.4 重建的山西省 1875—1879 年逐年土壤含水量空间分布

第5章　清光绪初年山西大旱重建分析

基于第 3、4 章重建的山西省 1875—1879 年降水、径流和土壤水序列，本章选取降水距平百分率、径流距平百分率及土壤水百分位三个干旱指标重建了清光绪初年山西大旱，全方位复原了清光绪初年山西大旱期间气象干旱、水文干旱和土壤干旱的时空演变过程。

5.1　清光绪初年山西大旱干旱指标确定

5.1.1　降水距平百分率

为表征清光绪初年（1875—1879 年）山西省气象干旱时空演变过程，选用降水距平百分率（P_a）作为气象干旱诊断指标。降水距平百分率是用于表征某时段降水量偏离多年平均值的程度，能直观地反映因降水短缺而导致的气象干旱，计算公式为

$$P_a = \frac{P - \overline{P}}{\overline{P}} \times 100\%　\qquad (5.1)$$

式中：P_a 为降水距平百分率，%；P 为某时段降水量，mm；$\overline{P}$ 为计算时段同期降水量的多年平均值，mm。

降水距平百分率干旱等级划分见表 5.1。

表 5.1　　　　　　　　降水距平百分率干旱等级划分

等级	干旱等级	月尺度/%	季尺度/%	年尺度/%
1	无旱	$-40 < P_a$	$-25 < P_a$	$-15 < P_a$
2	轻旱	$-60 < P_a \leqslant -40$	$-50 < P_a \leqslant -25$	$-30 < P_a \leqslant -15$
3	中旱	$-80 < P_a \leqslant -60$	$-70 < P_a \leqslant -50$	$-40 < P_a \leqslant -30$
4	重旱	$-95 < P_a \leqslant -80$	$-80 < P_a \leqslant -70$	$-45 < P_a \leqslant -40$
5	特旱	$P_a \leqslant -95$	$P_a \leqslant -80$	$P_a \leqslant -45$

5.1.2　径流距平指数

为表征清光绪初年（1875—1879 年）山西省水文干旱时空演变过程，以

径流距平百分率（Q_a）作为水文干旱诊断指标。径流距平百分率是表征一段时间内的径流量与同期径流量多年平均值之间的关系，其计算公式为

$$Q_a = \frac{Q - \overline{Q}}{\overline{Q}} \times 100\% \qquad (5.2)$$

式中：Q_a 为径流距平百分率，%；Q 为某一时段内重建的径流序列，mm；$\overline{Q}$ 为同期径流的多年平均值，mm。

径流距平百分率干旱等级划分参照《水文情报预报规范》（GB/T 22482—2008），见表 5.2。

表 5.2　　　　　　　　　径流距平百分率干旱等级划分

等级	干旱等级	径流距平百分率/%	等级	干旱等级	径流距平百分率/%
1	无旱	$-20 < Q_a$	4	重旱	$-80 < Q_a \leqslant -60$
2	轻旱	$-40 < Q_a \leqslant -20$	5	特旱	$Q_a \leqslant -80$
3	中旱	$-60 < Q_a \leqslant -40$			

5.1.3　土壤水百分位数

为表征清光绪初年（1875—1879 年）山西省土壤干旱时空演变过程，选用土壤水百分位数作为土壤干旱诊断指标。将利用 VIC 模型模拟得到的 1975—2009 年的土壤水序列作为基准期，对基准期土壤水序列排频计算，其中土壤水百分位数的计算方法为

$$S_a = \frac{n}{m} \times 100\% \qquad (5.3)$$

式中：S_a 为土壤水百分位数；n 为重建土壤水在基准期排频序列中的位置数；m 为基准期数据的总项数。

土壤水百分位数干旱等级划分参照美国干旱监测中心旱情分类标准，见表 5.3。

表 5.3　　　　　　　　　土壤水百分位数干旱等级划分

序号	干旱等级	土壤水百分位/%	序号	干旱等级	土壤水百分位/%
1	无旱	$S_a > 30$	4	严重	$5 < S_a \leqslant 10$
2	轻度	$20 < S_a \leqslant 30$	5	极端	$2 < S_a \leqslant 5$
3	中等	$10 < S_a \leqslant 20$	6	罕见	$S_a \leqslant 2$

5.2　清光绪初年山西大旱时空演变过程分析

5.2.1　气象干旱时空演变过程分析

以山西省 95 个站点 1975—2014 年逐日降水数据为基础，将逐日数据处

理为多年平均季降水量、平均年降水量，利用降水距平百分率干旱指数计算1875—1879 年季尺度、年尺度降水距平百分率，并借助 Arcgis10.2 软件绘制干旱等级分布图，分析清光绪初年山西省气象干旱季尺度和年尺度演变过程。

5.2.1.1 季尺度变化

图 5.1 为 1875 年季尺度气象干旱等级。整体来看，1875 年夏秋冬三季连旱明显。春季，干旱主要发生在北部地区，全省范围干旱程度由中部向四周加重，除中部地区无旱外，其他地区为轻度和中度干旱；夏季，气温升高，降水量短缺，干旱程度加剧，全省范围内出现有不同程度的旱情，其中，西部和中东部地区，旱情较为严重，大部地区干旱等级为重旱、特旱，北部地区的大同市、朔州市以及忻州市中东部为中等干旱等级；秋季，西北部地区干旱严重，南部地区旱情有所缓解，大部分区域为中度干旱等级，其中运城市大部分地区为轻度干旱；冬季，西北和西南地区降水增多，旱情有所缓解，

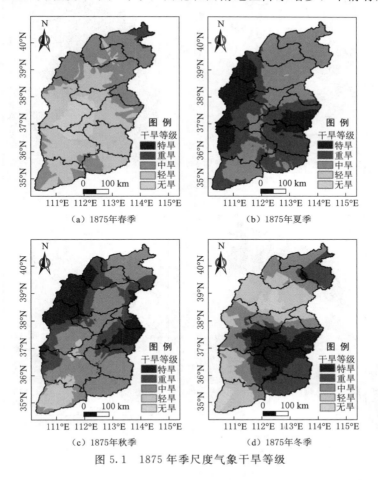

（a）1875年春季 （b）1875年夏季

（c）1875年秋季 （d）1875年冬季

图 5.1 1875 年季尺度气象干旱等级

忻州市及运城市等地为轻度干旱。此时，干旱中心转移至中部和中东部地区，该地区出现大面积特大干旱。

图 5.2 为 1876 年季尺度气象干旱等级。整体上 1876 年夏秋连旱严重。春季，随着降雨的增多，干旱程度较 1875 年有所缓解，全省主要为中度和轻度干旱等级，部分地区无明显旱情，干旱中心范围缩小至中部地区，主要集中在太原市、吕梁市、晋中市三地交界地带；夏季，降水大幅减少，全省范围内出现不同程度的旱情，除东北部地区及运城市等地区为中度干旱外，其他地区为重度干旱等级，临汾市西北部出现特大干旱等级；秋季，干旱中心转移至北部地区，其中忻州市和大同市东部干旱程度尤为严重，大部分区域为特大干旱等级。太原市、吕梁市、晋中市三地交界地带及运城市部分地区

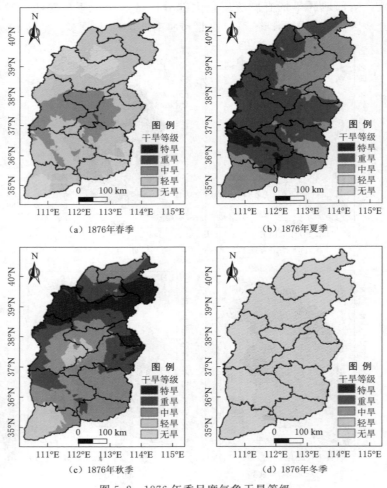

（a）1876年春季　　　　　　　　（b）1876年夏季

（c）1876年秋季　　　　　　　　（d）1876年冬季

图 5.2　1876 年季尺度气象干旱等级

降水量增多，旱情得以缓解，为轻度干旱等级；进入冬季，降水量较多年平均降水量增加两成，全省范围内无明显干旱。

　　图 5.3 为 1877 年季尺度气象干旱等级。1877 年夏秋连旱严重。春季，全省干旱程度明显减轻，干旱中心位于临汾市，为中等干旱等级。除中东部地区无明显旱情外，其他区域为轻度干旱；夏季来临，温度增高，降水量骤减，全省大部分地区出现重大干旱和特大干旱，南部地区较北部严重，南部大部分地区为特大干旱等级，北部地区主要为重旱和中旱等级；秋季降水持续短缺，出现全省性特大干旱，此时全省干旱程度最为严重；冬季降水增加，旱情得以缓解，除运城市部分地区为轻度和中度干旱等级外，其他地区无明显干旱。

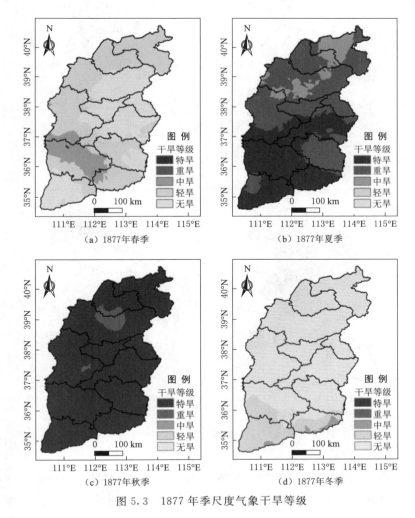

图 5.3　1877 年季尺度气象干旱等级

　　图 5.4 为 1878 年季尺度气象干旱等级。1878 年全省范围内降水明显增多，干旱得到缓解。夏季，忻州市西部及吕梁市西北地区降水较少，出现大范围中度干旱，其他地区为轻度干旱或无旱；至秋季，中东部地区出现小范围特大干旱和重度干旱，南部地区为无旱或轻度干旱；冬季，大同市、朔州市、忻州市、临汾市等地出现降水异常点，干旱中心位于北部地区，大同市出现特大干旱或重度干旱。全省其他区域为轻度干旱或无旱。

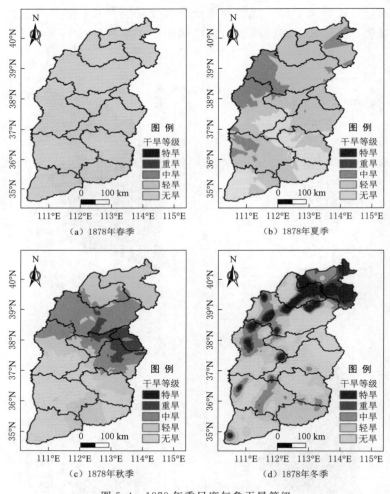

图 5.4　1878 年季尺度气象干旱等级

　　图 5.5 为 1879 年季尺度气象干旱等级。1879 年春夏秋连旱严重，其中春旱尤为严重，干旱中心位于山西中部和北部地区，全省出现大范围重度及特

大干旱；夏季，降水增多，干旱程度有所缓解，干旱中心位于北部和中东部；秋季，西北部和中东部旱情较为严重，为重度干旱，其中忻州市西部及阳泉市部分地区为特大干旱。进入冬季，降雪量增多，干旱得以缓解，无明显干旱。

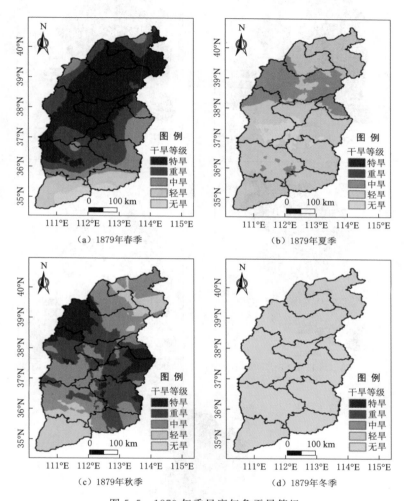

图 5.5　1879 年季尺度气象干旱等级

5.2.1.2　年尺度变化

图 5.6 为 1875—1879 年年尺度气象干旱等级。整体上，1875—1877 年为连续三年特大干旱，全省范围干旱程度均为特大干旱，年平均降雨距平百分率分别为：−65%、−64%、−70%。1878 年，降水量增多，干旱程度较

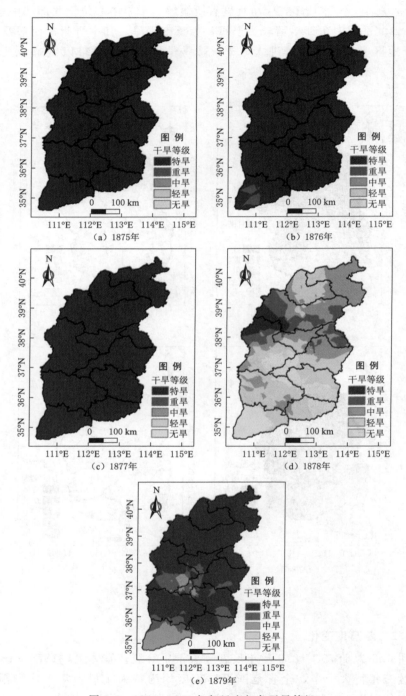

图 5.6　1875—1879 年年尺度气象干旱等级

1877 年大幅缓解，干旱程度呈现出由北向南逐渐减轻的趋势，西北部地区干旱较为严重，主要集中在忻州市与吕梁市交界处，干旱等级为特大干旱，南部地区干旱程度较轻，干旱等级为中度干旱及以下，其中运城市、晋中盆地等区域无旱。1879 年降水量短缺严重，全省出现大范围特大干旱，除吕梁市东南部、运城市为中度干旱等级外，其他区域均为重度和特大干旱等级。因此，由年尺度气象干旱等级分布图可知，山西省 1875—1879 年连续五年干旱严重，其中 1875—1877 年为极端干旱年。

5.2.2 水文干旱时空演变过程分析

为分析清光绪初年山西省水文干旱时空演变过程，以 1975—2009 年多年平均径流序列为基准，绘制了山西省 1875—1879 年逐年径流距平百分率空间分布，如图 5.7 所示。1875—1879 年连续五年出现大范围、连续性重旱与特旱，平均径流距平指数分别为 −84％、−85％、−87％、−61％、−74％。为直观反映干旱的严重程度与干旱覆盖范围，以网格为单元，逐年统计全省发生重度干旱与特大干旱地区所占比例。1875 年山西省全境有 95％的区域达到了重旱级别，其中有 72％的区域为特旱；1876 年发生重旱及特旱区域占到了全境的 99％，其中 80％的区域为特旱；1877 年全省范围均达到了重度干旱，其中 86％的区域为特旱；1878 年有 58％的地区达到了重旱等级，其中 11％的区域为特旱；1879 年达到重旱等级的区域占到 86％，其中 38％的地区为特旱。由此可知，1875—1877 年水文干旱程度非常严重，全省受旱面积超过了 95％，其中以 1877 年最为严重，山西省全境均达到了重度干旱级别。1878—1879 年干旱程度较 1877 年较轻，未发生大面积特旱，但仍出现较大范围的重度干旱。

图 5.8 为基于 VIC 模型模拟的山西省 1875—1879 年多年平均径流距平百分率空间分布。其中，图（a）为 1875—1879 多年平均径流深空间分布图，图（b）为 1975—2009 多年平均径流深空间分布图，图（c）为 1875—1879 年多年平均径流距平百分率空间分布图。由图（b）可知，在多年平均尺度上，山西全省大部分地区的径流深均维持在 50mm 以上，其中南部地区接近 100mm 左右。相比而言，1875—1879 年连续五年大旱期间，山西省全境径流普遍减少 80％，境内所有地区的多年平均径流深均不超过 30mm，尤其中北部地区径流深均在 10mm 以下。就区域平均而言，1875—1879 年整个大旱期间，山西省多年平均年径流深仅有 16.34mm，其中逐年平均年径流深分别为 11.38mm、11.58mm、9.88mm、29.79mm 和 19.10mm。由此可见，清光绪初的连续五年大旱导致山西省境内径流较正常年份持续偏少近 80％。

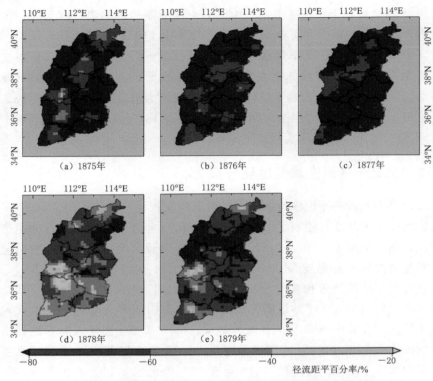

图 5.7   山西省 1875—1879 年逐年径流距平百分率空间分布

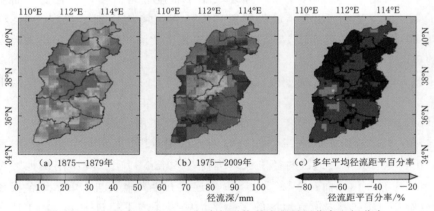

图 5.8   山西省 1875—1879 年多年平均径流距平百分率空间分布

5.2.3   土壤干旱时空演变过程分析

选取土壤水百分位数作为干旱诊断指标，表征土壤干旱的时空演变过程。

图 5.9 为基于 VIC 模型模拟重建的清光绪初年山西大旱期间土壤干旱的空间分布图。

这里选取 1875—1879 年的 1 月、4 月、7 月和 10 月分别作为春、夏、秋、冬四个季节的代表性月份。如图所示，1875—1879 年山西省大部分地区各月份均呈现明显的干旱状况，其中 1875 年、1876 年和 1877 年的干旱尤为严重，尤其在 1877 年的冬春季节，山西全省近 90% 以上的地区出现严重干旱，南部地区更是达到极端干旱级别。1875 年，冬春季的干旱程度较夏秋严重，其中春季干旱最为严重，山西省北部、中东部以及南部小部地区出现极端干旱。夏秋季，中部和中北部地区干旱有所缓解，其他地区旱情仍非常严

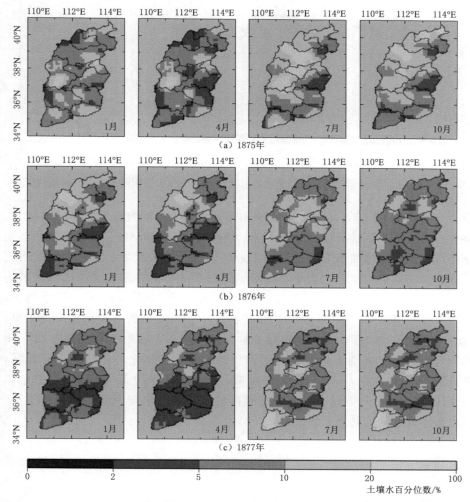

图 5.9（一）　基于 VIC 模型模拟重建的清光绪初年山西大旱期间土壤干旱的空间分布

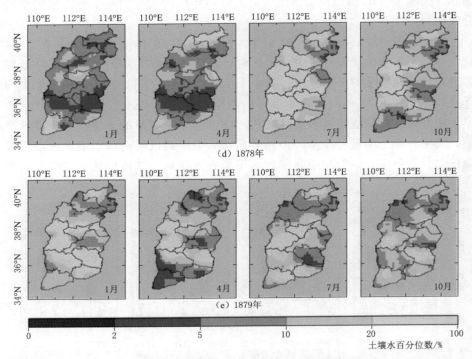

图 5.9（二）　基于 VIC 模型模拟重建的清光绪初年山西大旱期间土壤干旱的空间分布

重，尤其是东部地区的晋中市、阳泉市等地出现大范围的极端干旱。1876 年，各代表月份的干旱状况依旧非常严重，冬春季南部地区的干旱程度较北部地区严重，其中以运城市为代表的南部地区以及晋中为代表的东部地区均出现了极端干旱；夏秋季，严重干旱等级的范围扩大，除中部和北部部分区域为中等干旱外，其他区域均达到了严重干旱及以上等级。在 1876 年基础上，1877 年冬春季干旱持续加重，山西省全省近 90% 以上的地区出现严重干旱，南部地区更是出现了大范围的极端干旱。1878 年，冬春季干旱程度较 1877 年同期有所缓解，极端干旱覆盖范围相应的缩小，干旱中心仍位于南部地区，夏秋季土壤水增加，干旱程度大幅减低，大面积区域为无旱等级。与其他年份相比，1879 年干旱程度得到一定程度的缓解，未出现大范围的严重干旱，仅出现不同程度的局部干旱。

第6章　清光绪初年山西大旱灾情分析

　　1876—1879 年典型干旱事件发生在清光绪初年，由于灾害最严重的两年即 1877—1878 年为干支纪年的丁丑、戊寅年，历史上称为"丁戊奇荒"。此次旱灾是近 500 年山西省受灾范围最广、死亡人口最多的一次，时任山西巡抚的曾国荃言称"其祸犹酷于兵燹，实从来未见之奇祲"，土人父老也都称"二百余年未有之灾"。

　　此次干旱事件从 1876 年开始，经历以下的发展过程。1876 年为旱灾发生、发展阶段，1877—1878 年为旱灾发展的高峰阶段，1879 年为旱灾结束和退出阶段。与前述其他干旱事件的发展相比较，此次干旱事件中，灾害的发展较旱情的发展滞后。1878 年全省旱情的严重情势已经解除，但灾害并没有得以缓解，而是继续延续了上年灾情严重的局面。

6.1　受灾区域的演变过程

　　从受灾范围来看，1876 年灾区范围主要分布在山西省中部的汾州府和南部的平阳府。就全省来看，大多数受灾州县为一般性旱灾，全省并没有出现

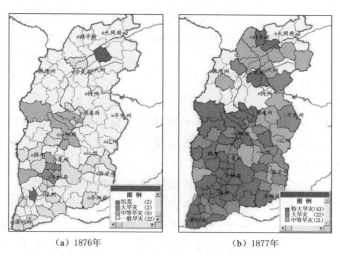

(a) 1876年　　　　　　　　(b) 1877年

图 6.1（一）　1876—1879 年受灾范围和灾情程度分布

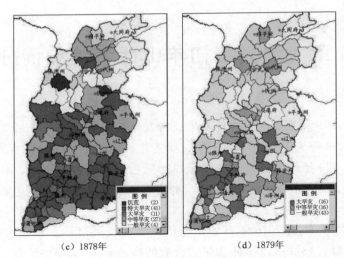

（c）1878年　　　　　　　　（d）1879年

图 6.1（二）　1876—1879 年受灾范围和灾情程度分布

灾害中心。1877 年随着干旱形势的加重，受灾区域迅速扩大，全省 101 个州县中，91 州县受灾，其中重灾州县 60 个，集中分布在汾河以西、以南区域，以及沁丹河流域。由于 1877 年作物基本无收，以致 1878 年虽然降水条件有所好转，但灾区的范围仍然很大。全省 83 州县仍处在旱灾的威胁当中，其中重灾州县 44 个。与 1877 年不同的是，该年晋东南地区的泽州府、潞安府灾情严重。在经历了上年大范围严重灾情的袭扰后，这一区域的抗灾能力也大大减弱，以致形成大范围严重灾情的局面。1879 年的受灾范围尽管仍很大，但灾情的严重程度大大减轻，大多数州县的灾情主要是由于前两年的灾害累积而成。1876—1879 年受灾范围和灾情程度分布如图 6.1 所示。

6.2　灾害对社会的影响分析

1876—1877 年持续两年的严重干旱导致农作物歉收，小农经济最先遭到灾害的冲击，表 6.1 为光绪三年（1877 年）山西省各州府秋禾成灾村庄数统计。其抵御灾害的脆弱性凸现无遗。

光绪三年（1877 年）五月二十三日曾国荃上奏夏麦收成情况："各属亢旱太甚，大麦业已无望，节序已过，不能补种秋禾。其业经播种者，近亦日就枯槁，……，甚至有一家种地千亩而不得一餐者，询之父老，咸谓为二百余年未有之灾"。而在十月奏报的二麦约收分数中，曾国荃奏报山西省全省平均收成约五分余。收成最好的约六分有余，计七州县，约收六分者九州县，约收五分有余者八十五州县。也就是说，二麦的收成减产量约在一半左右。该年的秋禾同样收成不容乐观，除被灾村庄不计外，收成最好的约五分有余，计 28 州县，约收一、二、三、四分者有 67 州县，甚至有安邑、赵城等 6 州县颗粒无收。全省当时约有 4 万余村庄，受灾的村庄数即达 2 万多，占全部村庄数的 50% 左右。

表 6.1　　光绪三年（1877 年）山西省各州府秋禾成灾村庄数统计　　单位：个

州府	不同成灾分数的村庄数						合计
	十分	九分	八分	七分	六分	五分	
太原府	18	115	472	708	244	88	1645
大同府	0	11	13	57	5	5	91
朔平府	0	0	560	225	225	0	1010
汾州府	574	274	832	289	271	430	2670
平阳府	91	249	489	1039	1414	417	3699
潞安府	0	0	19	45	143	54	261
泽州府	301	200	402	901	583	79	2466
蒲州府	707	26	4	789	97	32	1655
代州	0	0	0	0	21	0	21
平定州	0	7	0	0	0	0	7
辽州	0	142	131	98	141	12	524
沁州	0	0	691	464	0	0	1155
霍州	578	0	0	106	18	0	702
隰州	0	0	198838 亩[①]	261077 亩[①]	18286 亩[①]	0	1594
绛州	421	78	85	324	68	水地 1377 亩[①]	976
解州	1010	69	725	48	202	0	2054
合计	3700	1171	4622	5354	3450	1117	20530
比例/%	18.02	5.70	24.77	29.05	17.01	5.44	100

① 隰州所属 4 县及绛县、安邑等 6 县不同成灾分数没有统计村庄数，而是统计的成灾田亩。在计算成灾总村庄数时，根据 1918 年的村庄数，得出隰州平均每村 300 亩，绛州的水地不单独考虑。

其次是粮价的腾涨与物价暴跌。当时英国传教士李提摩太在平阳府一带考察灾情，称谷物的价格比平时上涨 3～4 倍，白菜和萝卜上涨 5～6 倍，鸡蛋的价格更是较平时上涨 16～17 倍。另据各地方志中对主要粮食作物小米和麦的价格的记载，与灾前或灾后相比，粮价上涨了 10 倍以上，万泉县的粟类价格，甚至上涨了 40 倍，见表 6.2。表 6.3 为 1877—1878 年山西各府州米价统计情况。可见，全省除霍州、太原府外，其余各府州 1878 年米价都较 1877年上涨，全省平均增长幅度达 25%。上涨幅度最大的为解州、沁州、平定州和解州。就米价的绝对值而言，1877 年霍州的米价最高，一斗为 3000 文。1878 年解州米价一斗 4500 文，平定州和平阳府的米价也都在 3500 文/斗以上。与灾中的各种食物价格上涨形成鲜明对照的是，灾中的一切物价急剧下跌，形成 "粮贵物贱" 的特殊局面。如重灾区之一的临晋，"卖地一亩，不得一金，而枲粟一斗，需三、四金"。

表 6.2　　　　　　　　山西部分地区灾前、灾中、灾后粮价的比较

地区	粮食种类	灾前粮价/文	灾中粮价/文	灾后粮价/文	前后价格倍数/倍
万泉	粟		4000	100	40
新绛	麦	200	3000～3600		15～18
平陆	米	200～300	3000		10～15
	麦	450	5000		10
夏县	麦	300	3200		10.6

　注　根据何汉威《光绪初年华北大旱灾》（1876—1879）22 页、光绪《平陆县续志·杂志》大祲记；
　　　夏县碑文《丁丑大荒记》整理。

表 6.3　　　　　　　　　　1877—1878 年山西各府州米价统计

州府	1877 年米价/（文/斗）			1878 年米价/（文/斗）			1878 年较 1877 年增长比率/%
	统计县数	米价合计	米价平均	统计县数	米价合计	米价平均	
太原府	5	14300	2860	2	5500	2750	（4.00）
汾州府	2	4450	2225	2	5350	2675	16.82
平阳府	5	12400	2480	5	17500	3500	29.14
潞安府	3	3600	1200	6	8600	1433	16.28
泽州府	2	2600	1300	2	4300	2150	39.53
忻州	2	2000	1000				
平定州	2	4000	2000	1	4000	4000	50.00
辽州	2	3750	1875	1	2200	2200	14.77
沁州	2	2350	1175	2	5000	2500	53.00

州府	1877 年米价/（文/斗）			1878 年米价/（文/斗）			1878 年较 1877 年增长比率/%
	统计县数	米价合计	米价平均	统计县数	米价合计	米价平均	
霍州	1	3000	3000	1	1500	1500	（100.00）
隰州	2	4300	2150	1	3000	3000	28.33
绛州	2	3150	1575	3	9000	3000	47.50
解州	2	4000	2000	2	9000	4500	55.56
合计	32	63900	1997	28	74950	2677	25.40

注　据《山西丁戊奇荒社会史析论》统计。

　　粮价腾涨与物价暴跌，直接造成灾民生计困难，不仅食物缺乏，居住与饮水也发生困难。据各地方志记载，灾中的食物替代品有牛马鸡犬、草根、树皮、干泥、糠秕（糟糠）、柿叶、蒺藜、麻糁、蒲面、薪蒸、雁粪、遗尸、骸骨、苜蓿面等，可以说几乎无所不食，并且无食不尽。由于急需食物，引发灾民纷纷拆迁房屋，以换得一餐之饱食，抑或为了过冬，权当取暖之用，结果造成居住的困难。当时的《申报》记载"平阳府城内更是深夜只闻拆屋之声与哭泣之声"。此外，此次干旱事件中，部分城镇还出现居民饮水困难问题。据《申报》载，汾河"已尽见底而人可步行矣。……晋民供饮食之水，亦均难得"。而在山西东南部的辽州，光绪三年七月，"苗尽萎，河将绝，井亦涸，饮者几无水，竟有不惮数里以求者"。

　　灾民陷入生计困境之后，进一步陷入生存危机中。大量灾民或饿死，或流落他乡，倒毙路旁。光绪四年（1878 年）太原府一带，"在遭受灾难最为严重的一些县份中，百姓像野兽似的互相掠食；并且在几百个甚至几千个村落中，十分之七的居民已经死亡了"。山西民间向来故土难离，灾害当即，当一种苟延残喘的求生性欲望也不能得到满足后，纷纷流亡他乡，据《京报》四年十一月载，山西灾民逃入江苏、安徽的，达十多万。另据可查资料，灾民逃亡北京的，也有数万之多。但由于这种逃荒的盲目性，部分灾民逃入地同样处于灾害的威胁之下，这些逃民最终还是难脱死亡的命运。据《定陶县志》记载，自山西省逃入山东省定陶县境的饥民，死去约有半数之多。

　　灾民的生存危机，加上当时灾区发生的瘟疫，灾区人口损失惨重。史载"晋省户口，素称蕃盛，逮乎丁戊大祲，顿至耗减"。时任山西巡抚的曾国荃言称，"自晋民遭灾以来，死亡殆半，近更继以大疫，饥病相侵，孑遗之民何以堪此"。据刘仁团先生研究，此次干旱事件中山西人口亡失约 760 多万，以太原府人口损失最为严重，达 120 余万，平阳府和蒲州府人口损失也将近 100

万，亡失人口分布如图 6.2 所示。伴随饥民的暴乱，食人行为在特大旱灾期间也非常普遍。据统计，光绪三年和四年分别有 41 州县和 20 州县发生食人的现象，如表 6.4 和图 6.3 所示。其中 11 个州县更是连续两年延续食人的行为。

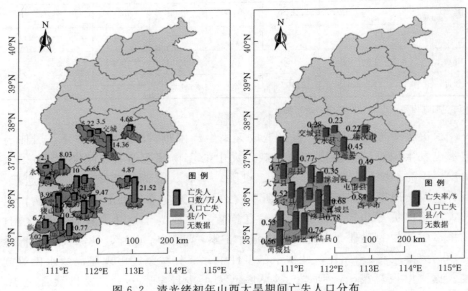

图 6.2　清光绪初年山西大旱期间亡失人口分布

表 6.4　　清光绪三年、四年（1877—1878 年）山西食人州县统计

州府	清光绪三年（1877 年）州县名称	州县数/个	清光绪四年（1878 年）州县名称	州县数/个
太原府	文水、太谷、祁县	3	文水	1
朔平府	左云	1		
汾州府	临县、平遥、介休	3	汾阳、孝义、临县	3
平阳府	临汾、曲沃、翼城、襄陵、太平、洪洞、岳阳、浮山、乡宁、吉州	10	吉州、汾西、翼城、洪洞、临汾、乡宁	6
潞安府			壶关、屯留、襄垣	3
泽州府	凤台、高平、阳城、沁水	4	高平、阳城	2
蒲州府	永济、万泉、荣河、虞乡	4	猗氏	1
平定州	平定州（乐平乡）、寿阳	2	盂县	1
辽州	辽州、榆社	2	辽州	1
霍州	灵石、赵城	3		

续表

州府	清光绪三年（1877 年） 州县名称	州县数 /个	清光绪四年（1878 年） 州县名称	州县数 /个
隰州	隰州	1	大宁	1
绛州	绛州、闻喜、绛县、垣曲、稷山	5	绛州	1
解州	安邑、芮城、夏县、平陆	4		
合计		41		20

连年的饥荒，还对工商业造成沉重打击。如冶铁是山西省的主要产业，晋东南产量尤大，民间多赖以为生。受此次干旱事件影响，灾后的炉数只有灾前的一半左右。茶叶是山西省的主要出口物资，光绪元年（1875年）之前，山西商人在对俄贸易中一直处于有利的地位，光绪二年（1876年）全省的茶叶出口量为 18 万担，光绪四年（1878 年）则锐减为 5.5 万余担，俄商趁此抓住机会，在几年内将茶叶的出口量增加到 27 万担，山西商人在对俄贸易中从此处于不利的地位。

当社会正常的生产生活都遭到严重破坏、灾民基本的生计需要都无法

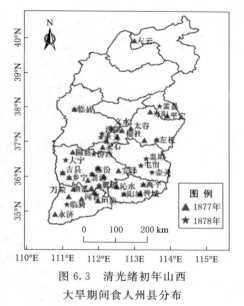

图 6.3　清光绪初年山西
大旱期间食人州县分布

得到保障之时，整个社会陷入了危机之中，饥民暴乱事件时有发生。当时影响较大的有熊六在宁武、朔州交界的上白泉庙地方发动的暴乱，以及解州盐枭的动乱。

此外，此次干旱事件期间，还发生了大规模的瘟疫、狼灾、鼠灾和蝗灾。据各种资料统计，1877 年和 1878 年有 31 个州县发生瘟疫；1877—1880 年，受狼灾影响的州县 30 个，受鼠灾影响的州县 26 个，如图 6.4 所示。此外，还有 7 个州县发生蝗灾。旱蝗狼疫多灾并发，更加加重了灾害对社会的影响。灾害结束十余年后，曾国荃纂修《山西通志》追述这次旱灾时称"耗户口累计百万而无从稽，旷田畴及十稔而未尽辟"。反映了此次干旱事件对近代山西经济社会发展产生的深远影响。

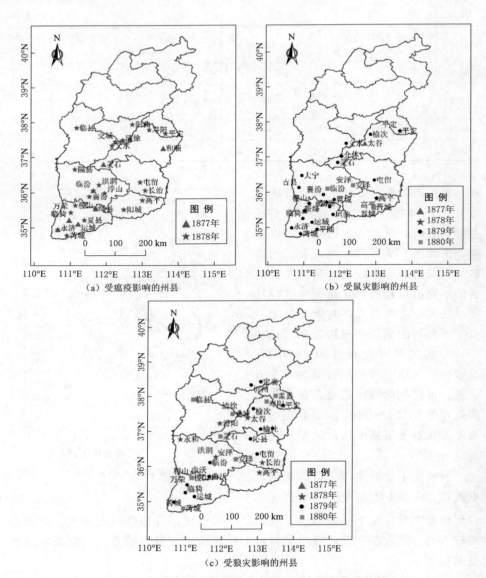

图 6.4　1875—1879 年清光绪初年山西大旱的社会影响

下　篇

历史典型场次极端干旱事件重演影响研究
——以明末崇祯大旱和清光绪初年大旱为例

第 7 章 历史典型场次极端干旱影响研究现状

得益于科学技术和观测手段的进步，近代特别是现代发生的干旱事件往往有比较系统和完整的记录，能够比较客观、定量地反映出灾害发生发展过程及影响，且研究成果也较多。但是，历史时期的灾害往往多是一些零散的、定性描述的记载，而这些历史干旱极值事件，对于揭示区域年代际气候异常、认识人类活动与自然变异的相互作用规律等均具有重要意义，也有助于认识区域干旱灾害特征和演变规律，对工程水文以及抗旱决策具有重要价值。为了以史为鉴，有关专家学者也针对历史时期典型场次极端干旱影响开展了一些开创性的研究。

7.1 历史典型场次极端干旱事件对经济社会的影响研究

在极端干旱灾害对经济社会的影响方面，香港学者何汉威详细论述了1876—1879 年华北五省（山西、河南、陕西、河北、山东）大旱灾的破坏性、被灾省份及中央政府赈济措施、成效及灾荒影响等；谢永刚从粮食生产的影响、人居条件的破坏及生存环境的影响、灾区经济影响、人口变化的影响、社会稳定以及文化教育的影响等方面就近 500 年重大水旱灾害对社会的影响进行了详细分析；张伟兵从物价问题、粮食和生存问题、社会危机和社会稳定问题以及伴生灾害问题等四个方面分析了历史场次极端干旱对经济社会的影响；曾早早等选取过去 300 年中发生在乾隆后期（1784—1786 年）、光绪初年（1875—1878 年）和民国时期（1927—1930 年）的 3 次严重旱灾，从干旱发生时的区域自然环境条件和社会政治经济背景（人均粮食占有量、政府粮食储备、财政情况等）两大方面对比分析了干旱的产生原因及影响；李昊洋等从灾民生活状况以及社会结构等方面阐述历史干旱对华北地区的影响。

7.2 历史典型场次极端干旱重演影响研究

历史典型场次极端干旱重演研究，即研究历史时期的极端干旱事件情景再现对现状及未来条件下自然环境及经济社会的影响。国内干旱重演相关研究开展较少，主要是水利部门在 20 世纪 90 年代开展了部分研究。黄河水利委员会以典型代表站点 1922—1932 年的降水量和天然径流量为基础，采用同倍比缩小的方法模拟历史特大干旱年组的设计降雨和设计年径流过程，初步分析了 1632—1642 年黄河流域历史特大干旱重现的旱情，分区估算历史特大干旱年组重演对雨养农业、灌溉农业、工业及城市生活等方面的影响。甘肃省水利厅以 1928 年特大干旱时期河流来水过程为基础，结合 2000 年左右工程供水能力和各用水部门需水水平，以流域为单位匡算可供水量和需水量，分区估算受灾面积、受灾人口、粮食减产，工业减产等。山西省水利厅在对 1950 年以来山西省干旱年份降水与河川径流对照分析的基础上，将全省划分为 15 个计算分区，分别模拟分析 1876—1878 年特大干旱在 2000 年重演时的河川径流状况以及不同行业供缺水状况，并在此基础上开展了对策研究。张伟兵借鉴黄河水利委员会和甘肃省开展的历史持续特大干旱年重现研究思路，以 1991—2000 年作为典型干旱年组系列，初步估算了 1633—1642 年历史特大干旱重演对山西省工业、农业缺水以及农田受灾面积、粮食损失等的影响。王强将历史文献中有关灾情记录中的减产成数折算为粮食产量，对崇祯大旱年景下中国的粮食安全进行评估。

第8章 历史典型场次极端干旱事件重演影响分析思路和方法

8.1 历史典型场次极端干旱事件重演影响分析思路

大范围、长历时降水减少是极端干旱的直接驱动因素，进而导致河川径流量锐减、湖库入流剧减甚至地下水位下降等水文干旱现象。当水文干旱累积到一定程度，将导致大范围、长历时的水工程供水不足，促使经济社会供需水平衡遭到破坏，对生产、生活、生态造成严重影响甚至破坏性损害。

由此确定历史典型场次极端干旱事件重演影响分析思路（图 8.1）如下：

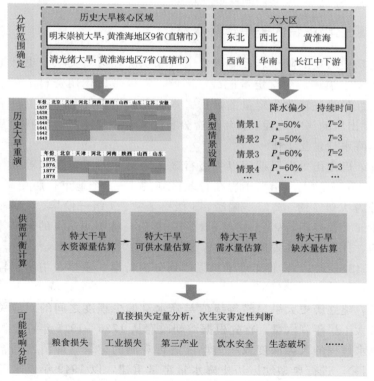

图 8.1　历史典型场次极端干旱事件重演影响分析思路

针对干旱可能发生的区域，设定典型大旱场景，根据现有供水工程能力水平和经济社会的需水水平，进行水量供需分析，进而估算特大干旱导致的缺水状况对农业生产、工业运行、饮水安全、能源生产以及生态环境等方面的可能影响，推演极端干旱的风险。其中，典型大旱场景主要包括两类：一是历史典型场次极端干旱场景，选定明崇祯末年大旱和清光绪初年大旱，针对历史大旱核心区域进行分析；二是以新中国成立以来重大干旱事件为依据，确定不同干旱强度（年降水距平百分率 $P_a = 50\%$、60%）和历时（$T = 3$ 年）的组合事件作为设计特大干旱事件，针对东北、西北、黄淮海、长江中下游、西南、华南 6 大区域进行分析。

8.2　历史典型场次极端干旱事件重演影响分析方法

历史典型场次极端干旱事件重演影响分析方法，主要涉及量化历史特大干旱降水量、推求特大干旱水资源总量、推求特大干旱可供水总量、推求特大干旱总缺水量以及可能影响分析等技术环节。

8.2.1　量化历史特大干旱年降水量

有关历史时期的降水、径流等水文气象状况，历史文献中也有记载，但多是定性文字描述，少有定量记载。因此，需要考虑代用资料，利用已有的资料将定性的描述转化为定量的数据。本研究以中央气象局气象科学研究院于 1981 年出版的《中国近五百年旱涝分布图集》中旱涝等级资料为基础进行历史大旱降水量量化工作。

首先，确定历史大旱期间以省级行政区为单元的干旱强度等级。该图集基于全国 120 个站点（相当于现在行政区划的 1~2 个地市）历史旱涝记载，将旱涝分为 1 级—涝、2 级—偏涝、3 级—正常、4 级—偏旱、5 级—旱，每个省级单元大致包括 4~5 个站点。对同一年份，将不同站点的干旱等级进行加权平均，计算得到各省逐年旱涝等级值，并参考国家标准《气象干旱等级》（GB/T 20481—2017），将年度干旱强度划分为特旱、重旱、中旱、轻旱 4 个等级。

最后，建立历史大旱旱涝等级值与降水量偏少程度之间的对应关系，量化历史特大干旱年降水量。首先根据清朝政府从 1736—1911 年在全国范围内对每个降水过程的入渗深度或积雪厚度进行观测的记录（即清宫档案"雨雪分寸"资料），进行典型地区历史降水量定量重建，以 1949 年以来降水序列为参照对象计算得到年降水距平百分率，进而建立历史大旱旱涝等级值与降水量偏少程度之间的对应关系，见表 8.1，实现历史特大干旱年降水量的量化。

表 8.1　　　　历史大旱旱涝等级值与降水量偏少程度对应关系

干旱强度等级	旱涝等级值	年降水量距平百分率 P_a/%
特旱	4.5～5	$P_a \leqslant -65$
重旱	4～4.5	$-55 \geqslant P_a > -65$
中旱	3.5～4	$-45 \geqslant P_a > -55$
轻旱	3～3.5	$-25 \geqslant P_a > -45$

8.2.2　推求特大干旱水资源总量

8.2.2.1　推求特大干旱年径流系数

在现代监测技术发展之前，历史时期降水、径流等都没有定量观测数据。在前文中，已阐明通过建立历史大旱旱涝等级值与降水量偏少程度之间的关系重建历史降水量，进而可以利用径流系数反算径流量。虽然一个地区多年平均的径流系数相对稳定，但是受不同时期流域特征变化以及降雨特征变化的影响，不同年份的径流系数也是变化的。在资料匮乏状况下，如何确定历史特大干旱期间的径流系数进而推算历史径流量，是历史极端干旱重演研究需要解决的问题之一。特大干旱年在现代并非罕见，如 2006 年川渝大旱、2010 年西南大旱等，只是不同于崇祯大旱、光绪大旱等历史特大干旱那样持续数年之久。为此，本书将历史特大干旱视为多个特大干旱年的叠加。具体而言，依据 1997—2018 年各省（自治区、直辖市）《水资源公报》中年径流量与年降水量数据，以省级行政区为计算单元，计算各省（自治区、直辖市）逐年径流系数 α。在计算的逐年年径流系数序列中，找出最枯年的径流系数作为特大干旱年径流系数 α_{EX}。

$$\alpha = \frac{R}{P} \tag{8.1}$$

式中：α 为年径流系数；R 为年径流深，mm；P 为年降水量，mm。

8.2.2.2　推求特大干旱年地表水资源量

利用特大干旱年径流系数 α_{EX}，计算得到特大干旱年地表水资源量 W_{EX-S}。

$$R_{EX} = \alpha_{EX} P_{EX} \tag{8.2}$$

$$W_{EX-S} = 1000 R_{EX} F \tag{8.3}$$

式中：R_{EX} 为特大干旱年地表径流深，mm；α_{EX} 为特大干旱年径流系数；P_{EX} 为特大干旱年降水量，mm；W_{EX-S} 为特大干旱年地表水资源量，m^3；F 为区域面积，km^2。

8.2.2.3　推求特大干旱年水资源总量

$$W_{EX}=W_{EX-S}+W_{EX-G}-W_{EX-R}=W_{EX-S}+\beta\overline{W_G}-\overline{W_R} \tag{8.4}$$

式中：W_{EX} 为特大干旱年水资源总量，m^3；W_{EX-S} 为特大干旱年地表水资源量，m^3；W_{EX-G} 为特大干旱年地下水资源量，m^3；W_{EX-R} 为特大干旱年地表地下水资源重复计算量，m^3；$\overline{W_G}$ 为多年平均地下水资源量，取 1997—2018 年平均值，m^3；β 为地下水消减系数，根据当年的降水量及前一年的降水量确定；$\overline{W_R}$ 为多年平均地表地下水资源重复计算量，m^3。

8.2.3　推求特大干旱年可供水总量

8.2.3.1　推求特大干旱年本地地表年供水量

利用 1997—2018 年各省（自治区、直辖市）《水资源公报》中地表水资源量、地表供水量、调入水量等数据，计算逐年本地地表可供水系数：

$$\delta=\frac{S_{S-L}}{W_S}=\frac{S_S-S_{T-I}}{W_S} \tag{8.5}$$

式中：δ 为本地地表可供水系数；W_S 为年地表水资源量，m^3；S_{S-L} 为本地地表实际年供水量，m^3；S_S 为地表实际年供水量，m^3；S_{T-I} 为实际年调入水量，m^3。

在计算的本地地表可供水系数序列中，找出最枯年的可供水系数作为特大干旱年本地地表年可供水系数 δ_{EX}，进而推求特大干旱年本地地表年供水量，公式如下：

$$S_{EX-S-L}=\delta_{EX}W_{EX-S} \tag{8.6}$$

式中：S_{EX-S-L} 为特大干旱年本地地表年供水量，m^3；δ_{EX} 为特大干旱年本地地表年可供水系数；W_{EX-S} 为特大干旱年地表水资源量，m^3。

8.2.3.2　推求特大干旱年可供水总量

可供水总量主要包括本地地表供水量、地下供水量、调入水量以及其他供水水源（含海水淡化水、再生水等）。据此计算特大干旱年可供水总量，公式如下：

$$S_{EX}=S_{EX-S-L}+S_{EX-G}+S_{EX-T-I}+S_{EX-E} \tag{8.7}$$

式中：S_{EX} 为特大干旱年可供水总量，m^3；S_{EX-S-L} 为特大干旱本地地表年供水量，m^3；S_{EX-G} 为特大干旱地下年供水量，考虑到特大干旱情况下因地表水极度缺乏、地下水相对稳定，取《水资源公报》逐年地下水供水量序列数据均值，m^3；S_{EX-T-I} 为特大干旱年调入水量，一般取近 5 年均值，考虑调水多为跨区域或跨流域调水，当受水区遭遇特大干旱时，在工程可调度能力范围内，将适当增加调入水量，根据连旱年数、工程情况取 1.1～1.2 倍；S_{EX-E} 为特大干旱年其他水量，考虑海水、咸水、再生水等非常规水生产受降水偏少影响较小，在企业生产能力范围内，将适当增加产能，根据地区情况取 1.1～1.2 倍。

8.2.4　推算特大干旱年总缺水量

根据不同承灾对象的需水特点，经济社会需水量可以分为以下三类：①与降水量密切相关的需水，主要指灌溉农业需水；②与降水量关系不密切的需水，主要指生活需水和工业需水；③具有一定弹性的需水，主要指生态环境需水，包括城镇生态环境需水和农村生态环境需水。特大干旱年需水量，按如下公式计算：

$$D_{EX} = D_{EX-A-I} + D_{EX-L} + D_{EX-I} + D_{EX-E} \tag{8.8}$$

$$D_{EX-A-I} = A_{A-I} m_{EX} \tag{8.9}$$

式中：D_{EX} 为特大干旱年总需水量，m^3；D_{EX-A-I} 为特大干旱年灌溉农业需水量，m^3；D_{EX-L} 为特大干旱年生活需水量，取《中国水资源公报（2018）》相应值，m^3；D_{EX-I} 为特大干旱年工业需水量，取《中国水资源公报（2018）》相应值，m^3；D_{EX-E} 为特大干旱年人工生态环境需水量，包括农村生态环境需水量和城镇生态环境需水量，取《中国水资源公报（2018）》相应值，m^3；A_{A-I} 为现状年灌溉农业面积，取 2018 年值，$10^3 hm^2$；m_{EX} 为特大干旱情形下综合灌溉定额，取《中国水资源公报（2018）》中综合灌溉定额序列中的最小值，m^3/hm^2。

进而计算得到特大干旱年总缺水量：

$$\Delta_{EX} = D_{EX} - S_{EX} \tag{8.10}$$

式中：Δ_{EX} 为特大干旱年总缺水量，m^3；D_{EX} 为特大干旱年总需水量，m^3；S_{EX} 为特大干旱年可供水总量，m^3。

8.2.5　特大干旱可能影响分析

8.2.5.1　确定特大干旱情形下用水优先次序及压缩方案

根据不同承灾对象分，用水对象主要分为生活用水、工业用水、农业用水、生态环境用水。其中，生活用水包括城乡居民生活用水和公共用水（第三产业和建筑业用水等），生态环境用水包括城镇生态环境用水和农村生态环境用水。按照用水对象的重要性以及承受干旱缺水的能力，确定特大干旱情形下的用水优先原则如下：城乡居民生活用水、公共用水、工业用水、城镇生态用水、农业用水、农村生态用水。进而，根据干旱缺水严重程度，确定特大干旱情形下用水压缩方案。

8.2.5.2 特大干旱对粮食生产的影响

根据农业用水来源不同,可以分为雨养农业和灌溉农业。当发生干旱时,首先受到影响的是雨养农业,随着干旱程度的加剧和历时的增长,灌溉农业也会逐渐受到影响。农业因旱粮食减产量为雨养农业和灌溉农业因旱减产量之和。

$$L_{\text{EX-A}} = L_{\text{EX-A-R}} + L_{\text{EX-A-I}} \tag{8.11}$$

$$\Delta_{\text{EX-A}} = \frac{L_{\text{EX-A}}}{G} 100\% \tag{8.12}$$

$$L_{\text{EX-A-R}} = \varphi A_{\text{A-R}} D_{\text{A-R}} = \varphi (A - A_{\text{A-I}}) D_{\text{A-R}} \tag{8.13}$$

$$L_{\text{EX-A-I}} = U_{\text{EX-A}} Y_{\text{A}} 0.001 \tag{8.14}$$

式中:$L_{\text{EX-A}}$ 为特大干旱农业因旱粮食减产量,t;$L_{\text{EX-A-R}}$ 为雨养农业因旱粮食减产量,t;$L_{\text{EX-A-I}}$ 为灌溉农业因旱粮食减产量,t;$\Delta_{\text{EX-A}}$ 为特大干旱农业因旱粮食减产率,%;G 为现状年粮食总产量,t;$A_{\text{A-R}}$ 为现状年雨养农业面积,10^3hm^2;A 为现状年耕地面积,10^3hm^2;$A_{\text{A-I}}$ 为现状年灌溉农业面积,取 2018 年值,10^3hm^2;$D_{\text{A-R}}$ 为现状年雨养农业平均单产,kg/hm^2;φ 为雨养农业因旱粮食减产系数,根据干旱等级来确定,特旱、重旱、中旱、轻旱依次取 0.6、0.4、0.2 和 0.1;$U_{\text{EX-A}}$ 为特大干旱情形下灌溉农业被压减的灌溉用水量,m^3;Y_{A} 为现状年单方水粮食产量,kg/m^3。

8.2.5.3 特大干旱对经济的影响

特大干旱情形下,首先压缩的往往是农业用水和生态用水,但随着持续时间的增加,工业生产也会受到冲击。首先是高耗水行业被关停,如化工、火电、钢铁行业等,其次旱区非支柱非民生产业限产或停产,最后可能对关系民生的行业造成一定影响,对第三产业也会造成影响。特大干旱造成的直接经济总损失:

$$EL_{\text{EX}} = EL_{\text{EX-A}} + EL_{\text{EX-I}} + EL_{\text{EX-T}} \tag{8.15}$$

$$EL_{\text{EX-A}} = L_{\text{EX-A}} P_{\text{A}} \tag{8.16}$$

$$EL_{\text{EX-I}} = U_{\text{EX-I}} Y_{\text{I}} \tag{8.17}$$

$$EL_{\text{EX-T}} = U_{\text{EX-T}} Y_{\text{T}} \tag{8.18}$$

式中:EL_{EX} 为特大干旱直接经济总损失,元;$EL_{\text{EX-A}}$ 为特大干旱农业因旱经济损失,元;$EL_{\text{EX-I}}$ 为特大干旱工业因旱经济损失,元;$EL_{\text{EX-T}}$ 为特大干旱第三产业因旱经济损失,元;$L_{\text{EX-A}}$ 为特大干旱农业因旱粮食减产量,t;P_{A} 为农产品综合价格,元;$U_{\text{EX-I}}$ 为特大干旱情形下工业被压减的用水量,m^3;Y_{I} 为现状年单方水工业增加值,元/m^3;$U_{\text{EX-T}}$ 为特大干旱情形下公共用水被压减的用水量,m^3;Y_{T} 为现状年单方水第三产业增加值,元/m^3。

第9章　明末崇祯大旱重演
影响分析

9.1　明末崇祯大旱核心区域旱情演变过程

明末崇祯大旱是近 500 年来我国持续时间最长、受灾范围最广的特大干旱事件。此次大旱，旱在 1627 年在陕西省北部出现，1643 年大部分地区旱情明显减轻，前后持续 17 年，其中最严重的时段为 1637—1643 年。南、北方共有 20 余省份相继受灾，其中核心区域涉及黄淮海地区的北京、天津、河北、山西、陕西、河南、山东、江苏、安徽 9 省（直辖市）。明末崇祯大旱核心区域逐年旱情演变过程如图 9.1 所示。

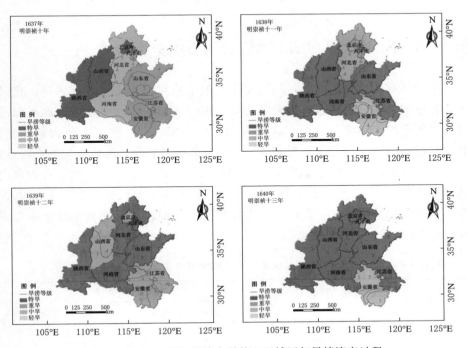

图 9.1（一）　明末崇祯大旱核心区域逐年旱情演变过程

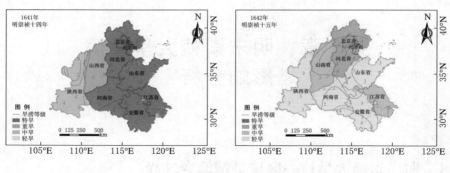

图 9.1（二）　明末崇祯大旱核心区域逐年旱情演变过程

9.2　明末崇祯大旱重演对水资源的影响分析

在现状自然地理条件下，一旦发生类似崇祯年间连续 7 年的大旱，将对水资源系统造成极大的影响。大旱期间，核心区域 9 省（直辖市）水资源总量较多年平均水资源量的偏少比例为 22.0%～55.8%，除第 6 年和第 7 年，其他年份均偏少 50% 以上，见表 9.1。明末崇祯大旱核心区域各省（直辖市）水资源量和人均水资源量如图 9.2 和图 9.3 所示。崇祯大旱期间，人均水资源量最小的是天津市，仅为 38.45m³/人，最大的是安徽省，为 592 m³/人。除安徽省外，其余 8 省（直辖市）均在国际公认的缺水标准极端缺水标准线 500 m³/人以下。

表 9.1　　明末崇祯大旱核心区域水资源量状况

时间	多年平均水资源量 /亿 m³	明 末 崇 祯 大 旱	
		水资源总量/亿 m³	偏少比例/%
第 1 年	2380.8	1144.9	51.9
第 2 年		1143.7	52.0

续表

时间	多年平均水资源量/亿 m³	明末崇祯大旱	
		水资源总量/亿 m³	偏少比例/%
第 3 年		1094.6	54.0
第 4 年		1119.7	53.0
第 5 年	2380.8	1051.4	55.8
第 6 年		1705.3	28.4
第 7 年		1856.0	22.0

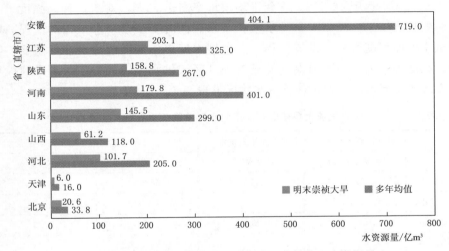

图 9.2　明末崇祯大旱核心区域各省（直辖市）水资源量

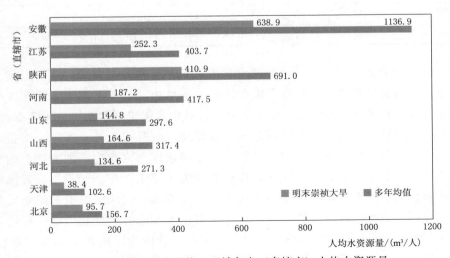

图 9.3　明末崇祯大旱核心区域各省（直辖市）人均水资源量

9.3　明末崇祯大旱重演对供水的影响分析

考虑调水工程和大中型水库年末蓄水时，随着崇祯大旱的历史演进，缺水量逐年增加，到第 5 年达到峰值，核心区域 9 省（直辖市）总缺水量达到 741.7 亿 m³，缺水率达到 38.7％，之后缺水量回落，多年平均缺水率为 21.9％。与此形成鲜明对比的是，倘若不考虑调水工程和大中型水库年末蓄水，因旱导致的缺水程度将大幅加剧，大旱第 1 年就出现高达 30.7％的缺水率，到第 5 年达到 46.7％，多年平均缺水率高达 33％。对于这种高强度、长历时的特大干旱，只要不是受水区和调水区同时受旱，调水工程对于提高区域供水保障程度可持续发挥作用。大中型水库多年调节能力也非常重要，特别是在这种特大干旱的前期，能显著提升区域供水保障能力。明末崇祯大旱核心区域不同水利工程条件下缺水状况见表 9.2。

表 9.2　　　　明末崇祯大旱核心区域不同水利工程条件下缺水状况

时间	考虑调水工程和大中型水库年末蓄水		不考虑调水工程和大中型水库年末蓄水	
	总缺水量/亿 m³	缺水率/％	总缺水量/亿 m³	缺水率/％
第 1 年	21.1	1.1	588.2	30.7
第 2 年	498.0	26.0	710.2	37.1
第 3 年	536.9	28.0	714.5	37.3
第 4 年	661.1	34.5	809.5	42.3
第 5 年	741.7	38.7	893.7	46.7
第 6 年	225.6	11.8	338.4	17.7
第 7 年	252.4	13.2	367.1	19.2

从区域上来看，由于不同地区水利工程条件存在一定差异，一旦崇祯大旱重演，各省（直辖市）的因旱缺水情况也不尽相同。考虑调水工程和大中型水库年末蓄水时，在特大干旱第 1 年，各省用水需求基本都可以得到保障，随着干旱的持续，因旱缺水区域差异开始显现，如图 9.4（a）所示。得益于南水北调东线工程、中线工程以及前期大中型水库蓄水状况，加上产业结构较为优化、节水技术等较为先进，即使在特大大旱第 7 年，北京市、天津市的供水也能够得到保障，缺水风险较小。与北京市、天津市形成鲜明对比的是，陕西、山西等省由于缺少骨干调水工程、水库库容密度较低等，在特大干旱第 2 年就出现明显缺水状况，江苏、安徽等省因为以地表水源供水为主，特别是以河道取水为主，在如此严重的干旱情势下，地表水因降水持续偏少

而急剧减少，缺水风险较为严重，对供水安全造成严重威胁。倘若不考虑调水工程及大中型水库年末蓄水，崇祯大旱核心区域9省（直辖市）从第1年就将全部出现严重因旱缺水现象，且区域差异较现状水利工程条件下明显降低，如图9.4（b）所示。

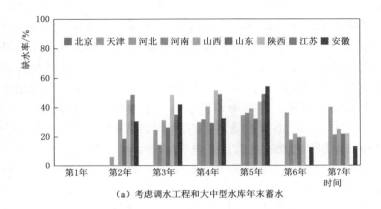

（a）考虑调水工程和大中型水库年末蓄水

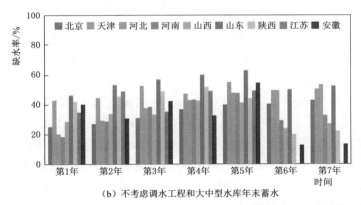

（b）不考虑调水工程和大中型水库年末蓄水

图9.4 明末崇祯大旱核心区域各省（直辖市）不同水利工程条件下的缺水状况

综合以上，可见我国自新中国成立以来兴建的各类蓄水工程、引水工程、提水工程和调水工程对于保障经济社会供水发挥了极其重大的作用。得益于这些水利工程，我国已具备抵御中等干旱的能力。当发生类似崇祯大旱时，因为超出工程设计标准，因旱缺水无法避免，但是对于减轻缺水程度、推延缺水出现的时间具有重要作用。未来，随着各类水利工程合理新建、有效扩建，以及不同水系、河湖之间的互联互通，水利工程覆盖率将得到进一步提高，水利工程保障能力也将进一步加强，抵御这种特大干旱的能力也将随之提升。

9.4　明末崇祯大旱重演对粮食的影响分析

古往今来，农业历来是受干旱灾害影响最直接、最严重的行业。根据承灾对象的不同，用水对象主要分为生活用水、工业用水、农业用水、生态环境用水。根据《全国抗旱规划》，当发生特大干旱时，在保障城乡居民生活基本饮用水安全条件下，应尽可能保障城镇重点部门、单位和企业最基本用水需求；保障商品粮基地、基本口粮田、主要经济作物的农作物播种期或作物生长关键期的基本用水需求。结合《全国抗旱规划》要求，考虑用水对象的重要性以及承受干旱缺水的能力，确定特大干旱情形下用水压缩方案如下：当总缺水率小于 20％，且缺水量占农业需水量比例小于 50％的情况下，压缩水量全部由农业用水考虑；当总缺水率大于 20％且小于 40％时，农业按照农业需水量的 40％压缩，生态按照生态需水量的 20％压缩，剩余部分分别按照工业、服务业、生活的 60％、30％、10％压缩；当总缺水率大于 40％且小于 60％时，农业按照农业需水量的 60％压缩，生态按照生态需水量的 40％压缩，剩余部分分别按照工业、服务业、生活的 70％、20％、10％压缩；当总缺水率大于 60％时，农业按照农业需水量的 80％压缩，生态按照生态需水量的 60％压缩，剩余部分分别按照工业、服务业、生活的 80％、10％、10％压缩。

在上述用水压缩方案下，一旦发生类似明末崇祯大旱，现状水利工程条件下（即考虑调水工程和大中型水库年末蓄水时），核心区域 9 省（直辖市）多年平均粮食减产量为 7263.6 万 t，多年平均减产率接近 30％。在特大干旱第 1 年，粮食减产率为 11.2％，但随着高强度干旱连年持续，粮食减产率逐年增加，到特大干旱第 5 年达到峰值，减产量达到 10270.6 万 t，相当于 2000 年全国大旱因旱粮食减产 6000 万 t 的 1.7 倍，减产率接近 40％。倘若不考虑调水工程及大中型水库年末蓄水，明末崇祯大旱核心区域 9 省（直辖市）多年平均粮食减产量为 10843.2 万 t，多年平均减产率超过 40％。明末崇祯大旱核心区域各省（直辖市）不同水利工程条件下粮食减产状况见表 9.3。

表 9.3　明末崇祯大旱核心区域各省（直辖市）不同水利工程条件下粮食减产状况

时间	考虑调水工程和大中型水库年末蓄水		不考虑调水工程和大中型水库年末蓄水	
	粮食减产量/万 t	减产率/％	粮食减产量/万 t	减产率/％
第 1 年	2936.7	11.2	8794.0	33.6
第 2 年	6517.0	24.9	12073.3	46.1
第 3 年	9012.7	34.4	12928.1	49.4

续表

时间	考虑调水工程和大中型水库年末蓄水		不考虑调水工程和大中型水库年末蓄水	
	粮食减产量/万 t	减产率/%	粮食减产量/万 t	减产率/%
第 4 年	10215.7	39.0	13059.3	49.9
第 5 年	10270.6	39.2	13386.4	51.1
第 6 年	5608.9	21.4	7801.7	29.8
第 7 年	6283.5	24.0	7859.4	30.0
多年平均	7263.6	27.7	10843.2	41.4

受现状产业结构布局影响，一旦崇祯大旱重演，各地因旱粮食减产情况也存在明显区域特征，如图 9.5 所示。考虑调水工程和大中型水库年末蓄水，河南省因旱粮食减产量占总减产量的比例最高，为 25.1%，其次是山东省、河北省。倘若不考虑调水工程和大中型水库年末蓄水，河南省因旱粮食减产量占总减产量的比例将达到 40.9%。换言之，当发生特大干旱时，粮食主产区农业生产将遭到重创。一旦发生大范围的严重干旱，将可能对国家粮食安全产生影响。

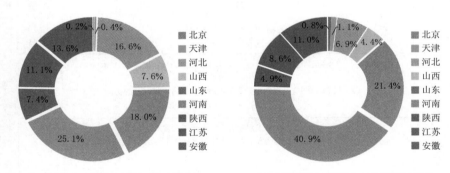

（a）考虑调水工程和大中型水库年末蓄水   （b）不考虑调水工程和大中型水库年末蓄水

图 9.5　明末崇祯大旱核心区域各省（直辖市）不同水利工程条件下粮食减产率状况

9.5　明末崇祯大旱重演对经济的影响分析

在上述用水压缩方案下，一旦发生崇祯大旱，将造成严重的经济损失，且随着如此高强度干旱的持续，对经济的影响逐年加重，如图 9.6 所示。在现状水利工程条件下，特大干旱第 1 年，核心区域 9 省（直辖市）直接经济总损失占区域 GDP 的比例为 1.52%［图 9.6（a）］，占全国 GDP 的比例为 0.62%［图 9.6（b）］。但是随着干旱的持续、缺水程度的加剧，经济损失大幅度增加，到特大干旱第 5 年，直接经济总损失占区域 GDP 的比例将达到 11.10％，占全国 GDP 的比例为 4.53％。倘若不考虑调水工程和大中型水库年末蓄水，特大干旱第 1 年直接经济总损失占区域 GDP 的比例就将达到 6.49％，占全国 GDP 的比例为 2.65％，到特大干旱第 5 年，直接经济总损失占区域 GDP 的比例将达到 30.76％，占全国 GDP 的比例为 12.56％。综合以上，一旦发生类似崇祯大旱那样连续 7 年高强度的大旱，将对国家经济造成严重影响，甚至引起经济倒退，严重影响保障经济社会高质量发展以及人民群众对美好生活的向往。

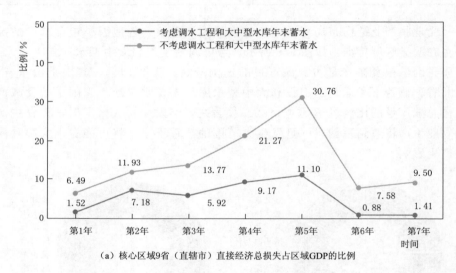

（a）核心区域9省（直辖市）直接经济总损失占区域GDP的比例

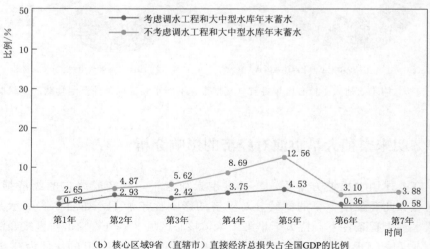

（b）核心区域9省（直辖市）直接经济总损失占全国GDP的比例

图 9.6　明末崇祯大旱核心区域重演对经济的影响

第 10 章　清光绪初年大旱重演影响分析

10.1　清光绪初年大旱核心区域旱情演变过程

　　光绪初年大旱是中国近代自然灾害中最严重的一次灾难。此次大旱，始于 1874 年，结束于 1879 年，最严重的时段是 1875—1878 年。大旱波及全国 16 个省份，其中核心区域主要涉及黄淮海地区的北京、天津、河北、山西、陕西、河南、山东 7 省（直辖市）。清光绪初年大旱核心区域逐年旱情演变过程如图 10.1 所示。

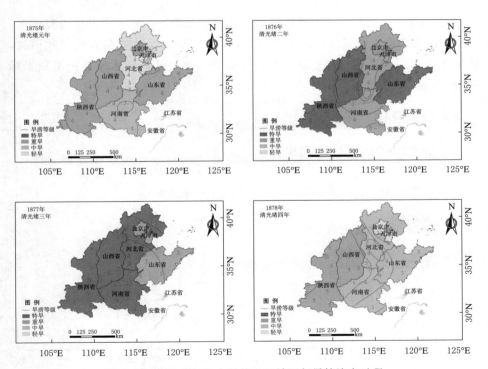

图 10.1　清光绪初年大旱核心区域逐年旱情演变过程

10.2　清光绪初年大旱重演对水资源的影响分析

在现状自然地理条件下，一旦发生光绪初年连续 4 年的大旱，北京、天津、河北、山西、陕西、河南、山东 7 省（直辖市）水资源总量较多年平均水资源量均偏少 50％以上，见表 10.1。

表 10.1　　　　　　　　　清光绪初年大旱核心区域水资源量状况

时间	多年平均水资源总量 /亿 m³	光　绪　初　年　大　旱	
		水资源总量/亿 m³	偏少比例/％
第 1 年		640.6	52.2
第 2 年		560.8	58.1
第 3 年	1339.8	565.6	57.8
第 4 年		669.8	50.0
均值		609.2	54.5

各省水资源量较多年平均水资源量偏少 40％～60％，如图 10.2 所示。图 10.3 所示的是光绪初年大旱核心区域各省（直辖市）人均水资源量占有情况，大旱期间人均水资源量最小的是北京市，仅为 75.5m³/人，最大的是陕西省，接近 300m³/人，7 省（直辖市）均远远低于国际公认的缺水标准极端缺水标准线 500m³/人。

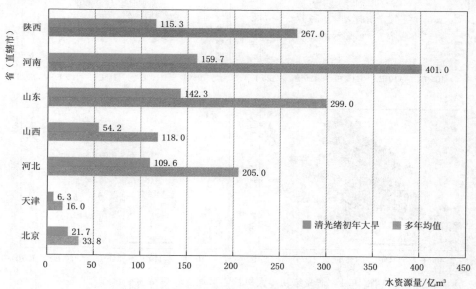

图 10.2　清光绪初年大旱核心区域各省（直辖市）水资源量

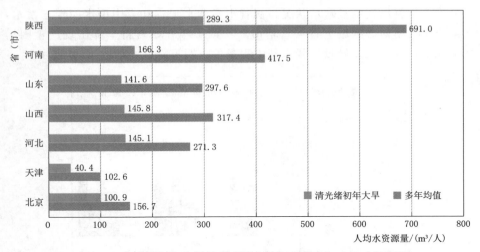

图 10.3 清光绪初年大旱核心区域各省（直辖市）人均水资源量

10.3 清光绪初年大旱重演对供水的影响分析

现状水利工程条件下，在特大干旱第 1 年用水基本能够得到保证，随着时间的持续，缺水量逐年增加，特别是第 3 年和第 4 年缺水率比例超过 20%。倘若不考虑调水工程和大中型水库年末蓄水，大旱第 1 年就出现高达 23.7% 的缺水率，之后 3 年的缺水率均在 30% 以上。清光绪初年大旱核心区域不同水利工程条件下缺水状况见表 10.2。

表 10.2　清光绪初年大旱核心区域不同水利工程条件下缺水状况

时间	考虑调水工程和大中型水库年末蓄水		不考虑调水工程和大中型水库年末蓄水	
	总缺水量/亿 m³	缺水率/%	总缺水量/亿 m³	缺水率/%
第 1 年	5.4	0.5	244.3	23.7
第 2 年	104.5	10.1	352.2	34.2
第 3 年	225.4	21.9	385.9	37.4
第 4 年	213.0	20.7	358.5	34.8
均值	137.1	13.3	335.2	32.5

从区域上来看，与崇祯大旱重演类似，光绪初年 4 年连旱之中，北京市、天津市的供水能够得到保障，缺水风险较小。得益于南北北调工程以及大量地下水取水工程，河北、河南两省特大干旱前 2 年的用水也可以得到保障。陕西、山西等省由于缺少骨干调水工程、水库库容密度较低等原因，在特大

干旱第 2 年就出现明显缺水状况。倘若不考调水工程和大中型水库年末蓄水，光绪初年大旱核心区域 7 省（直辖市）从第 1 年开始就将全部出现严重因旱缺水现象，且区域差异较现状水利工程条件下明显降低，如图 10.4 所示。

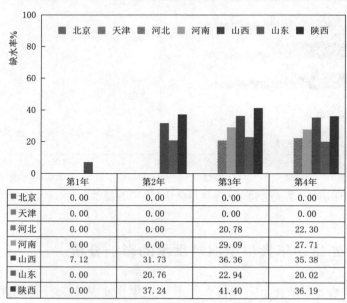

	第1年	第2年	第3年	第4年
■北京	0.00	0.00	0.00	0.00
■天津	0.00	0.00	0.00	0.00
■河北	0.00	0.00	20.78	22.30
■河南	0.00	0.00	29.09	27.71
■山西	7.12	31.73	36.36	35.38
■山东	0.00	20.76	22.94	20.02
■陕西	0.00	37.24	41.40	36.19

（a）考虑调水工程和大中型水库年末蓄水

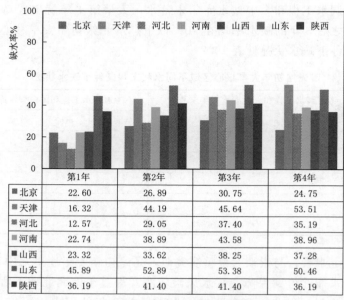

	第1年	第2年	第3年	第4年
■北京	22.60	26.89	30.75	24.75
■天津	16.32	44.19	45.64	53.51
■河北	12.57	29.05	37.40	35.19
■河南	22.74	38.89	43.58	38.96
■山西	23.32	33.62	38.25	37.28
■山东	45.89	52.89	53.38	50.46
■陕西	36.19	41.40	41.40	36.19

（b）不考虑调水工程和大中型水库年末蓄水

图 10.4　清光绪初年大旱核心区域各省（直辖市）不同水利工程条件下缺水状况

10.4 清光绪初年大旱重演对粮食的影响分析

在上述用水压缩方案下，一旦发生光绪初年大旱，在现状水利工程条件下，核心区域 7 省（直辖市）多年平均粮食减产量为 4464.72 万 t，多年平均减产率超过 20%。在特大干旱第 1 年，粮食减产率为 5.7%，但随着高强度干旱连年持续，粮食减产率逐年增加，到特大干旱第 3 年达到峰值，减产率达到 38.1%。倘若不考调水工程和大中型水库年末蓄水，7 省（直辖市）多年平均粮食减产量为 7996.9 万 t，多年平均减产率超过 40%。清光绪初年大旱核心区域不同水利工程条件下粮食减产状况见表 10.3。

表 10.3 清光绪初年大旱核心区域不同水利工程条件下粮食减产状况

时间	考虑调水工程和大中型水库年末蓄水		不考虑调水工程和大中型水库年末蓄水	
	粮食减产量/万 t	减产率/%	粮食减产量/万 t	减产率/%
第 1 年	1062.13	5.7	5591.8	30.2
第 2 年	3650.91	19.7	9023.9	48.7
第 3 年	7048.14	38.1	9416.5	50.8
第 4 年	6097.72	32.9	7955.3	43.0
多年平均	4464.72	24.1	7996.875	43.2

与明末崇祯大旱重演类似，清光绪初年大旱重演对粮食主产区农业生产影响最大，如图 10.5 所示。在现状水利工程条件下，山西省因旱粮食减产量占总减产量的比例最高，为 32.0%，其次是山东省、河北省。倘若不考调水工程和大中型水库年末蓄水，山东省因旱粮食减产量最大，占总减产量的比例将达到 31.9%。

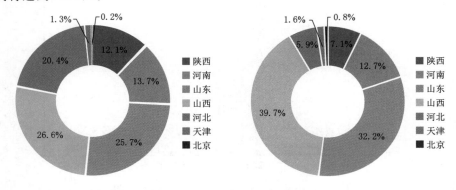

(a) 考虑调水工程和大中型水库年末蓄水　　　(b) 不考虑调水工程和大中型水库年末蓄水

图 10.5 清光绪初年大旱核心区域各省（直辖市）因旱粮食减产状况

10.5 清光绪初年大旱重演对经济的影响分析

清光绪初年大旱重演对经济的影响，如图 10.6 所示。在现状水利工程条件下，特大干旱第 1 年，核心区域 7 省（直辖市）直接经济总损失占区域 GDP 的比例仅为 0.10％ ［图 10.6 (a)］，占全国 GDP 的比例为 0.03％ ［图 10.6 (b)］，基本没有影响。到特大干旱第 3 年，直接经济总损失占区域 GDP 的比例将达到 2.99％，占全国 GDP 的比例为 0.82％。倘若不考调水工程和大中型水库年末蓄水，直接经济总损失占相应 GDP 的比例在特大干旱第 1 年就将达到 4.73％，到特大干旱第 3 年，直接经济总损失占相应 GDP 的比例将达到 13.77％。

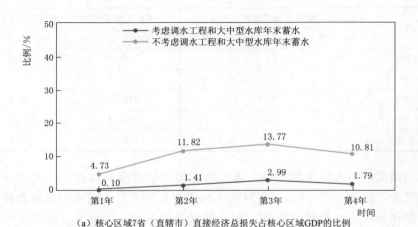

（a）核心区域7省（直辖市）直接经济总损失占核心区域GDP的比例

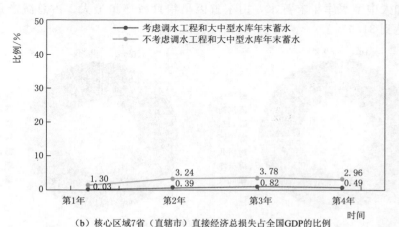

（b）核心区域7省（直辖市）直接经济总损失占全国GDP的比例

图 10.6 清光绪初年大旱核心区域重演对经济的影响

第11章 设计特大干旱情景下的影响分析

基于新中国成立以来的重大干旱事件以及历史特大干旱事件，依据国家标准《气象干旱等级》（GB/T 20481—2017），确定不同干旱强度（年降水距平百分率 $P_a = 50\%$、60% 和 70%）和历时（$T = 3$ 年）的组合事件作为设计特大干旱情景，针对东北、西北、黄淮海、长江中下游、西南、华南等六大区域，分析设计特大干旱情景下可能产生的社会经济影响。本书中，特大干旱情形下用水压缩方案是结合《全国抗旱规划》要求，并考虑用水对象的重要性以及其承受干旱缺水的能力确定的，具体如下：当总缺水率小于 20%，且缺水量占农业需水量比例小于 50% 情况下，压缩水量全部由农业用水考虑；当总缺水率大于 20% 且小于 40% 时，农业按照农业需水量的 40% 压缩，生态按照生态需水量的 20% 压缩，剩余部分分别按照工业、服务业、生活的60%、30%、10% 压缩；当总缺水率大于 40% 且小于 60% 时，农业按照农业需水量的 60% 压缩，生态按照生态需水量的 40% 压缩，剩余部分分别按照工业、服务业、生活的 70%、20%、10% 压缩；当总缺水率大于 60%，农业按照农业需水量的 80% 压缩，生态按照生态需水量的 60% 压缩，剩余部分分别按照工业、服务业、生活的 80%、10%、10% 压缩。下述分析中，"现状水利工程条件"是指将 2018 年年末大中型水库蓄水状况作为初始状态，并考虑跨流域、跨区域调水工程的调度能力。

11.1 连续 3 年降水偏少 50% 情景下的影响分析

11.1.1 现状水利工程条件下的影响分析

在现状水利工程条件下，连续 3 年降水偏少 50% 情景下的因旱缺水情况、因旱 GDP 损失情况、因旱粮食损失情况如图 11.1～图 11.3 所示。降水偏少50% 的第 1 年，全国六大区干旱缺水均不明显，各区域用水需求基本能够得到保障。该情况下，仅西北地区和长江中下游地区造成了因旱 GDP 损失，损失率均低于 1.0%。

在降水持续偏少 50% 的第 2 年，全国六大区均出现了明显干旱缺水情势，

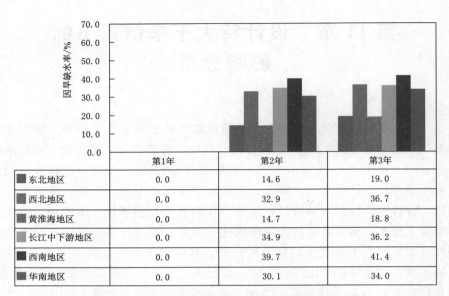

	第1年	第2年	第3年
▋ 东北地区	0.0	14.6	19.0
▋ 西北地区	0.0	32.9	36.7
▒ 黄淮海地区	0.0	14.7	18.8
▒ 长江中下游地区	0.0	34.9	36.2
▋ 西南地区	0.0	39.7	41.4
▋ 华南地区	0.0	30.1	34.0

图 11.1 现状水利工程条件下连续 3 年降水偏少 50%
情景下的因旱缺水情况

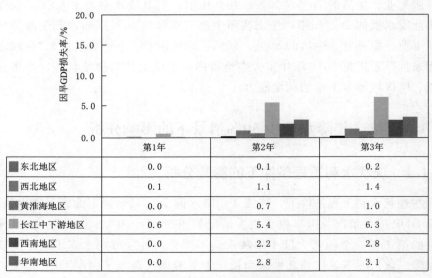

	第1年	第2年	第3年
▋ 东北地区	0.0	0.1	0.2
▋ 西北地区	0.1	1.1	1.4
▒ 黄淮海地区	0.0	0.7	1.0
▒ 长江中下游地区	0.6	5.4	6.3
▋ 西南地区	0.0	2.2	2.8
▋ 华南地区	0.0	2.8	3.1

图 11.2 现状水利工程条件下连续 3 年降水偏少 50%
情景下的因旱 GDP 损失情况

其中黄淮海地区（14.7％）和东北地区（14.6％）出现了轻度因旱缺水，其余地区缺水率均大于 30.0％。全国六大区中均产生了一定程度的经济损失，除东北、西北、黄淮海，其他地区因旱直接经济总损失占 GDP 的比例均超过了 2％，由高到低分别为长江中下游地区、华南地区、西南地区、西北地区、黄淮海地区、东北地区。从省级行政区来看，全国大部分省（自治区、直辖市）因旱直接经济总损失占本省（自治区、直辖市）GDP 的比例均在 2％以上，其中湖北、广西、重庆、四川、云南、陕西等省（自治区、直辖市）因旱 GDP 损失占本省（自治区、直辖市）GDP 比率甚至超过 20％。因旱直接经济总损失较大的省份大多是以地表水为主要供水水源，而因旱损失较小的省份主要分布在南水北调沿线或以农业为主要受损对象的省份。

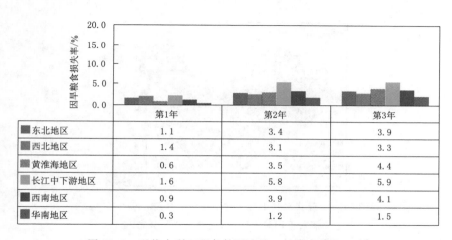

图 11.3　现状水利工程条件下连续 3 年降水偏少 50％
情景下的因旱粮食损失情况

在持续干旱的第 3 年，全国因旱缺水情况显著，缺水率由高到低分别为西南地区、西北地区、长江中下游地区、华南地区、东北地区及黄淮海地区。除华南地区，其余 5 大区域因旱缺水造成的直接经济总损失占 GDP 的比例均高于 2％。从省级行政区来看，全国 54.85％的省（自治区、直辖市）因旱缺水造成的直接经济总损失占各省（自治区、直辖市）GDP 的比例均在 30％以上，四川省甚至超过 40％。因旱 GDP 损失率相对较低的省份仍然是在南水北调工程沿线的湖北省、河南省、河北省、天津市和北京市等，以及主要影响领域为农业的东北、西南和西北地区。在现状水利工程条件下，连续 3 年降水偏少 50％情景下因旱 GDP 损失情况及因旱粮食损失情况空间分布如图11.4、图 11.5 所示。

图 11.4　现状水利工程条件下连续 3 年降水偏少 50%
情景下因旱 GDP 损失情况空间分布

图 11.5（一）　现状水利工程条件下连续 3 年降水偏少 50%
情景下因旱粮食损失情况空间分布

图 11.5（二）　现状水利工程条件下连续 3 年降水偏少 50％
情景下因旱粮食损失情况空间分布

11.1.2　不考虑调水工程和大中型水库年末蓄水条件下的影响分析

在不考虑调水工程和大中型水库年末蓄水条件下，连续 3 年降水偏少
50％情景下的因旱缺水情况、因旱 GDP 损失情况、因旱粮食损失情况如图
11.6～图 11.8 所示。降水偏少 50％的第 1 年，全国六大区中除东北地区外，
其他地区因旱缺水率均大于 20％。全国六大区因旱缺水率从高到低分别为西
南地区、长江中下游地区、华南地区、西北地区、黄淮海地区及东北地区，
西南地区缺水率达到了 40.8％。全国六大区中除东北地区外，因旱缺水造成

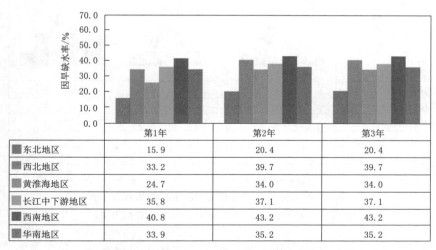

	第1年	第2年	第3年
■东北地区	15.9	20.4	20.4
■西北地区	33.2	39.7	39.7
■黄淮海地区	24.7	34.0	34.0
■长江中下游地区	35.8	37.1	37.1
■西南地区	40.8	43.2	43.2
■华南地区	33.9	35.2	35.2

图 11.6　不考虑调水工程和大中型水库年末蓄水条件下
连续 3 年降水偏少 50％情景下的因旱缺水情况

的直接经济总损失占全国 GDP 的比例均大于 2%，由高到低分别为长江中下游地区、西南地区、华南地区、黄淮海地区、西北地区及东北地区。

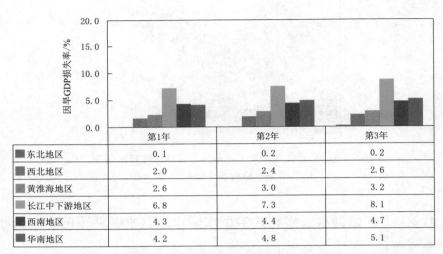

	第1年	第2年	第3年
东北地区	0.1	0.2	0.2
西北地区	2.0	2.4	2.6
黄淮海地区	2.6	3.0	3.2
长江中下游地区	6.8	7.3	8.1
西南地区	4.3	4.4	4.7
华南地区	4.2	4.8	5.1

图 11.7 不考虑调水工程和大中型水库年末蓄水条件下
连续 3 年降水偏少 50% 情景下的因旱 GDP 损失情况

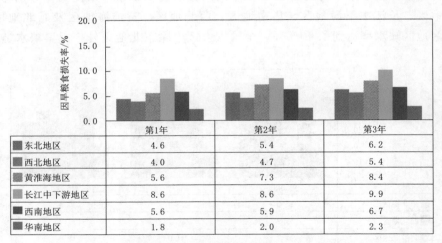

	第1年	第2年	第3年
东北地区	4.6	5.4	6.2
西北地区	4.0	4.7	5.4
黄淮海地区	5.6	7.3	8.4
长江中下游地区	8.6	8.6	9.9
西南地区	5.6	5.9	6.7
华南地区	1.8	2.0	2.3

图 11.8 不考虑调水工程和大中型水库年末蓄水条件下
连续 3 年降水偏少 50% 情景下的因旱粮食损失情况

在降水持续偏少 50% 的第 2 年，全国六大区因旱缺水率较第 1 年有所增加，均超过了 20%，其中西南地区因旱缺水率超过了 40%，长江中下游地区、西北地区、华南地区在 35％左右。全国六大区因旱缺水造成的直接经济总损失占 GDP 的比例也有所增加，长江中下游地区 GDP 因旱损失占全国比率超过 6％。

在降水持续偏少 50％的第 3 年，全国因旱缺水情势进一步加剧，因旱缺水率由高到低分别为西南地区、西北地区、黄淮海地区、长江中下游地区、华南地区及东北地区。全国六大区的因旱缺水率均大于 25％，其中黄淮海地区、西南地区和西北地区因旱缺水率超过 40％。全国六大区除东北地区和西北地区外，因旱缺水造成的直接经济总损失占 GDP 的比例均高于 3％，从高到低分别为长江中下游地区、华南地区、西南地区、黄淮海地区、西北地区和东北地区。在不考虑调水工程及大中型水库年末蓄水条件下，连续 3 年降水偏少 50％情景下因旱 GDP 损失情况及因旱粮食损失情况空间分布如图 11.9、图 11.10 所示。

图 11.9　不考虑调水工程和大中型水库年末蓄水条件下连续 3 年
降水偏少 50％情景下因旱 GDP 损失情况空间分布

图 11.10　不考虑调水工程和大中型水库年末蓄水条件下连续 3 年
降水偏少 50％情景下因旱粮食损失情况空间分布

11.2　连续 3 年降水偏少 60％情景下的影响分析

11.2.1　现状水利工程条件下的影响分析

在现状水利工程条件下，连续 3 年降水偏少 60％情景下的因旱缺水情况、因旱 GDP 损失情况及因旱粮食损失情况如图 11.11～图 11.13 所示。降水偏少 60％的第 1 年，全国六大区干旱缺水不明显，各区域用水需求基本能够得到保障。换言之，现有水利工程条件能够应对全国 1 年降水偏少 60％的情况。全国六大区中，干旱缺水对长江中下游地区造成了超过 1％的 GDP 损失。从省级行政区来看，除上海市、江苏省、西藏自治区因旱直接经济总损失占本省（自治区、直辖市）GDP 的比例超过 10％，内蒙古自治区、重庆市、新疆维吾尔自治区超过 2％外，全国大部分省（自治区、直辖市）因旱直接经济总损失占 GDP 的比例在 2％以内。

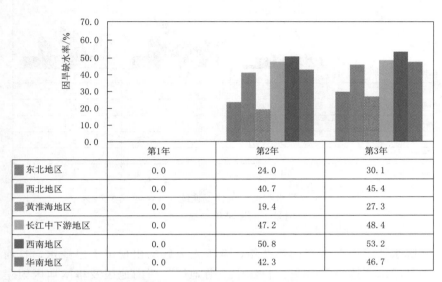

	第1年	第2年	第3年
东北地区	0.0	24.0	30.1
西北地区	0.0	40.7	45.4
黄淮海地区	0.0	19.4	27.3
长江中下游地区	0.0	47.2	48.4
西南地区	0.0	50.8	53.2
华南地区	0.0	42.3	46.7

图 11.11　现状水利工程条件下连续 3 年降水偏少 60％
情景下的因旱缺水情况

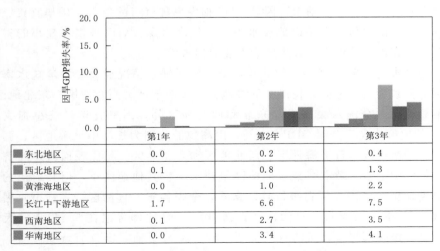

	第1年	第2年	第3年
东北地区	0.0	0.2	0.4
西北地区	0.1	0.8	1.3
黄淮海地区	0.0	1.0	2.2
长江中下游地区	1.7	6.6	7.5
西南地区	0.1	2.7	3.5
华南地区	0.0	3.4	4.1

图 11.12　现状水利工程条件下连续 3 年降水偏少 60％
情景下的因旱 GDP 损失情况

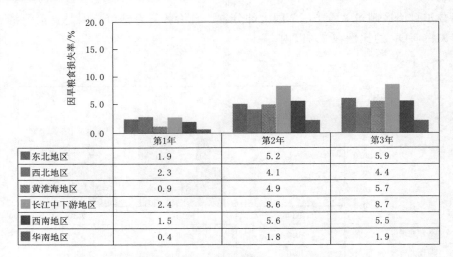

图 11.13　现状水利工程条件下连续 3 年降水偏少 60%
情景下的因旱粮食损失情况

	第1年	第2年	第3年
东北地区	1.9	5.2	5.9
西北地区	2.3	4.1	4.4
黄淮海地区	0.9	4.9	5.7
长江中下游地区	2.4	8.6	8.7
西南地区	1.5	5.6	5.5
华南地区	0.4	1.8	1.9

　　在降水持续偏少 60% 的第 2 年，全国六大区均出现了干旱缺水，且西南地区因旱缺水率达到 50.8%。长江中下游地区、西南地区及华南地区因旱直接经济总损失占全国 GDP 的比例均超过 2.0%，由高到低分别为长江中下游地区、华南地区、西南地区、黄淮海地区、西北地区及东北地区。从省级行政区来看，全国大部分省（自治区、直辖市）直接经济总损失占本省（自治区、直辖市）GDP 的比例在 2% 以上，其中浙江、湖北、广东、广西、重庆、四川等省（自治区、直辖市）因旱 GDP 损失率甚至超过 20%。因旱直接经济总损失较大的省份大多是以地表水为主要供水水源，而因旱损失较小的省份主要分布在南水北调沿线或集中为农业受损省份。

　　在降水持续偏少 60% 的第 3 年，全国因旱缺水情况显著，因旱缺水率由高到低分别为西南地区、长江中下游地区、华南地区、西北地区、东北地区、黄淮海地区。全国六大区中除东北和西北地区外，因旱直接经济总损失占 GDP 的比例均高于全国 GDP 的 2%，由高到低分别为长江中下游地区、西南地区、华南地区、黄淮海地区、西北地区和东北地区。相比较而言，经济发达的长江中下游、黄淮海地区即使因旱缺水率较其他地区小，但其对应的经济损失却相对较高。从省级行政区来看，全国各省（自治区、直辖市）因旱区域 GDP 损失占本省（自治区、直辖市）GDP 比例普遍在 5% 以上，天津市、重庆市、四川省、陕西省甚至超过 30%，江苏省、浙江省、安徽省、江西省、湖北省、广东省、广西壮族自治区、海南省、贵州省、云南省、西藏自治区也超过 20%，山西省、吉林省、上海市、福建省、湖南省、甘肃省、青海省超过 10％。在现状水利工程条件下，连续 3 年降水偏少 60％情景下因旱 GDP 损失情况及因旱粮食损失情况空间分布如图 11.14、图 11.15 所示。

图 11.14　现状水利工程条件下连续 3 年降水偏少 60％情景下
因旱 GDP 损失情况空间分布

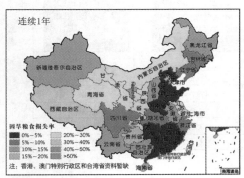

图 11.15（一）　现状水利工程条件下连续 3 年降水偏少 60％情景下
因旱粮食损失情况空间分布

图 11.15（二）　现状水利工程条件下连续 3 年降水偏少 60％情景下
因旱粮食损失情况空间分布

11.2.2　不考虑调水工程及大中型水库年末蓄水条件下的影响分析

在不考虑调水工程及大中型水库年末蓄水条件下，连续 3 年降水偏少 60％情景下的因旱缺水情况、因旱 GDP 损失情况及因旱粮食损失情况如图 11.16～图 11.18 所示。降水偏少 60％的第 1 年，全国六大区因旱缺水率均大于 20％，其中西南地区缺水率高达 51.4％。除东北地区和西北地区外，其他

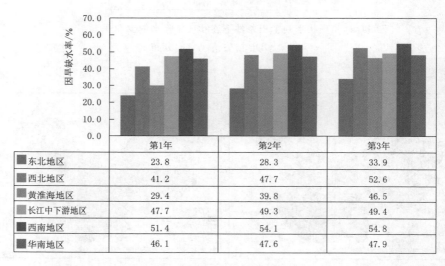

	第1年	第2年	第3年
东北地区	23.8	28.3	33.9
西北地区	41.2	47.7	52.6
黄淮海地区	29.4	39.8	46.5
长江中下游地区	47.7	49.3	49.4
西南地区	51.4	54.1	54.8
华南地区	46.1	47.6	47.9

图 11.16　不考虑调水工程及大中型水库年末蓄水条件下连续 3 年
降水偏少 60％情景下的因旱缺水情况

地区因旱缺水造成的直接经济总损失占全国 GDP 的比例均超过 3％，长江中下游地区损失最大，接近 10％，由高到低分别为长江中下游地区、西南地区、华南地区、黄淮海地区、西北地区及东北地区。

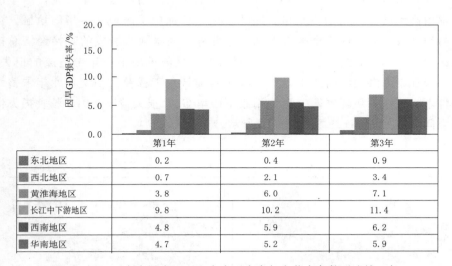

	第1年	第2年	第3年
■ 东北地区	0.2	0.4	0.9
■ 西北地区	0.7	2.1	3.4
■ 黄淮海地区	3.8	6.0	7.1
■ 长江中下游地区	9.8	10.2	11.4
■ 西南地区	4.8	5.9	6.2
■ 华南地区	4.7	5.2	5.9

图 11.17　不考虑调水工程和大中型水库年末蓄水条件下连续 3 年
降水偏少 60％情景下的因旱 GDP 损失情况

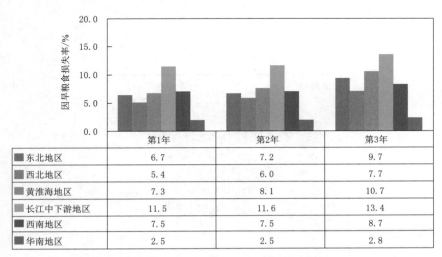

	第1年	第2年	第3年
■ 东北地区	6.7	7.2	9.7
■ 西北地区	5.4	6.0	7.7
■ 黄淮海地区	7.3	8.1	10.7
■ 长江中下游地区	11.5	11.6	13.4
■ 西南地区	7.5	7.5	8.7
■ 华南地区	2.5	2.5	2.8

图 11.18　不考虑调水工程和大中型水库年末蓄水条件下连续 3 年
降水偏少 60％情景下的因旱粮食损失情况

在降水持续偏少 60% 的第 2 年，全国六大区因旱缺水率较第 1 年有所增加。全国六大区中除东北地区外，其他地区旱缺水造成的直接经济总损失占全国 GDP 的比例均高于 2.0%。

在降水持续偏少 60% 的第 3 年，全国因旱缺水情势进一步加剧，因旱缺水率由高到低分别为西南地区、西北地区、长江中下游地区、华南地区、黄淮海地区及东北地区。全国六大区除东北外，因旱缺水造成的直接经济总损失占全国 GDP 的比例均高于 2%，即相当于全国重度干旱年份造成的损失，其中长江中下游地区高达 10.2%。在不考虑调水工程及大中型水库年末蓄水条件下，连续 3 年降水偏少 60% 情景下因旱 GDP 损失情况及因旱粮食损失情况空间分布如图 11.19 和图 11.20 所示。

图 11.19　不考虑调水工程和大中型水库年末蓄水条件下连续 3 年
降水偏少 60% 情景下因旱 GDP 损失情况空间分布

图 11.20　不考虑调水工程和大中型水库年末蓄水条件下连续 3 年
降水偏少 60％情景下因旱粮食损失情况空间分布

11.3　连续 3 年降水偏少 70％情景下的影响分析

11.3.1　现状水利工程条件下的影响分析

在现状水利工程条件下，连续 3 年降水偏少 70％情景下的因旱缺水情况、因旱 GDP 损失情况及因旱粮食损失情况如图 11.21～图 11.23 所示。降水偏少 70％的第 1 年，全国六大区中东北、西北及华南地区均不存在缺水的情况，其中 31 个省（自治区、直辖市）中无缺水情况的占 55％，现有水利工程条件基本能够应对全国 1 年降水偏少 70％的情况。该情况下仅对长江中下游地区造成超过 2％的 GDP 损失。从省级行政区来看，全国大部分省（自治区、直辖市）因旱 GDP 损失在 2％以内，但内蒙古自治区、上海市、江苏省、安徽省、湖北省、重庆市、西藏自治区、新疆维吾尔自治区因旱 GDP 损失较大。

107

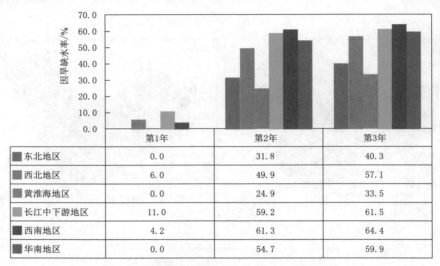

	第1年	第2年	第3年
■ 东北地区	0.0	31.8	40.3
■ 西北地区	6.0	49.9	57.1
▨ 黄淮海地区	0.0	24.9	33.5
▨ 长江中下游地区	11.0	59.2	61.5
■ 西南地区	4.2	61.3	64.4
■ 华南地区	0.0	54.7	59.9

图 11.21　现状水利工程条件下连续 3 年降水偏少 70％
情景下的因旱缺水情况

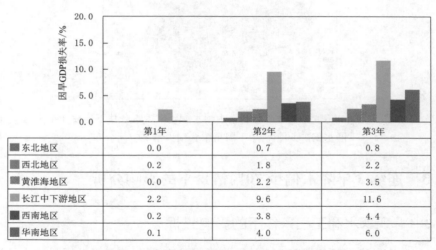

	第1年	第2年	第3年
■ 东北地区	0.0	0.7	0.8
■ 西北地区	0.2	1.8	2.2
▨ 黄淮海地区	0.0	2.2	3.5
▨ 长江中下游地区	2.2	9.6	11.6
■ 西南地区	0.2	3.8	4.4
■ 华南地区	0.1	4.0	6.0

图 11.22　现状水利工程条件下连续 3 年降水偏少 70％
情景下的因旱 GDP 损失情况

　　在降水持续偏少 70％的第 2 年，全国六大区均出现了缺水情况，且西南地区因旱缺水率最大，高达 61.3％。随着干旱情况的持续，全国六大区因旱直接经济损失均较大，长江中下游地区损失最大，损失占全国 GDP 高达 9.6％，因旱 GDP 损失率由高到低分别为长江中下游地区、华南地区、西南地区、黄淮海地区、西北地区及东北地区。

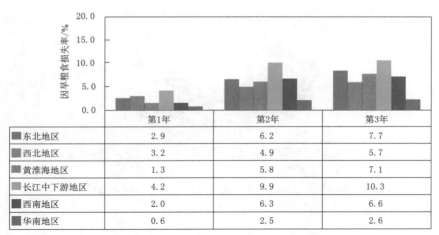

	第1年	第2年	第3年
■ 东北地区	2.9	6.2	7.7
■ 西北地区	3.2	4.9	5.7
■ 黄淮海地区	1.3	5.8	7.1
■ 长江中下游地区	4.2	9.9	10.3
■ 西南地区	2.0	6.3	6.6
■ 华南地区	0.6	2.5	2.6

图 11.23　现状水利工程条件下连续 3 年降水偏少 70％
情景下的因旱粮食损失情况

在降水持续偏少 70％的第 3 年，全国六大区缺水情况显著，且西南地区因旱缺水率最大，高达 64.4％，因旱缺水率由高到低分别为：西南地区、长江中下游地区、华南地区、西北地区、东北地区、黄淮海地区。除东北和西北地区外，因旱直接经济损失占全国 GDP 的比例均高于 2％。发生连续 3 年降水偏少 70％的特大干旱时，全国各省（自治区、直辖市）因旱 GDP 损失率普遍在 3％以上，全国 70.97％省（自治区、直辖市）因旱 GDP 损失率均大于 20％，其中山西省、江苏省、安徽省、江西省、湖北省、广西壮族自治区、重庆市、四川省、云南省、新疆维吾尔自治区因旱损失占该地区 GDP 超过 40％。在现状水利工程条件下，连续 3 年降水偏少 70％情景下因旱 GDP 损失情况及因旱粮食损失情况空间分布如图 11.24、图 11.25 所示。

图 11.24（一）　现状水利工程条件下连续 3 年降水偏少 70％
情景下因旱 GDP 损失情况空间分布

图 11.24（二） 现状水利工程条件下连续 3 年降水偏少 70％
情景下因旱 GDP 损失情况空间分布

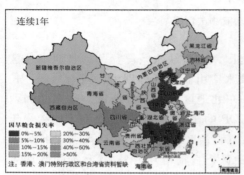

图 11.25 现状水利工程条件下连续 3 年降水偏少 70％
情景下因旱粮食损失情况空间分布

11.3.2 不考虑调水工程及大中型水库年末蓄水条件下的影响分析

在不考虑调水工程及大中型水库年末蓄水条件下，连续 3 年降水偏少

70％情景下的因旱缺水情况、因旱GDP损失情况及因旱粮食损失情况如图11.26～图11.28所示。降水偏少70％的第1年，全国六大区因旱缺水率均大于30％，其中西南地区因旱缺水率高达61.9％。除东北地区外，各地区因旱造成的损失占全国GDP比均大于1.5％，因旱GDP损失率由高到低分别为长江中下游地区、华南地区、西南地区、黄淮海地区、西北地区及东北地区。

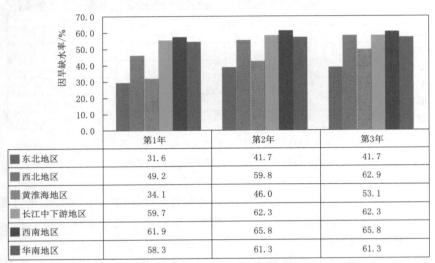

	第1年	第2年	第3年
■ 东北地区	31.6	41.7	41.7
■ 西北地区	49.2	59.8	62.9
■ 黄淮海地区	34.1	46.0	53.1
■ 长江中下游地区	59.7	62.3	62.3
■ 西南地区	61.9	65.8	65.8
■ 华南地区	58.3	61.3	61.3

图11.26　不考虑调水工程和大中型水库年末蓄水条件下连续3年
降水偏少70％情景下的因旱缺水情况

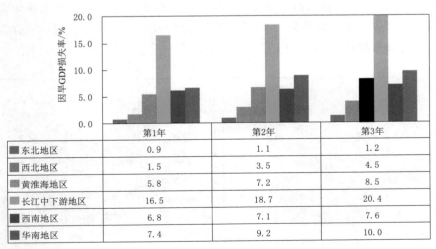

	第1年	第2年	第3年
■ 东北地区	0.9	1.1	1.2
■ 西北地区	1.5	3.5	4.5
■ 黄淮海地区	5.8	7.2	8.5
■ 长江中下游地区	16.5	18.7	20.4
■ 西南地区	6.8	7.1	7.6
■ 华南地区	7.4	9.2	10.0

图11.27　不考虑调水工程和大中型水库年末蓄水条件下连续3年
降水偏少70％情景下的因旱GDP损失情况

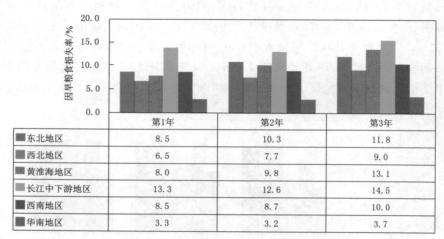

	第1年	第2年	第3年
东北地区	8.5	10.3	11.8
西北地区	6.5	7.7	9.0
黄淮海地区	8.0	9.8	13.1
长江中下游地区	13.3	12.6	14.5
西南地区	8.5	8.7	10.0
华南地区	3.3	3.2	3.7

图 11.28　不考虑调水工程和大中型水库年末蓄水条件下连续 3 年
降水偏少 70％情景下的因旱粮食损失情况

在降水持续偏少 70％的第 2 年，全国六大区因旱缺水率较第 1 年有所增加。全国六大区中除东北地区外，其他地区旱缺水造成的直接经济总损失占全国 GDP 的比例均高于 3％。

在降水持续偏少 70％的第 3 年，全国六大区因旱缺水情势进一步加剧，因旱缺水率由高到低分别为西南地区、长江中下游地区、华南地区、西北地区、黄淮海地区及东北地区。除东北地区外，全国因旱缺水造成的直接经济总损失占 GDP 的比例均高于 3.5％。在不考虑调水工程及大中型水库年末蓄水条件下，连续 3 年降水偏少 70％情景下因旱 GDP 损失情况及因旱粮食损失情况空间分布如图 11.29～图 11.30 所示。

图 11.29（一）　不考虑调水工程和大中型水库年末蓄水条件下连续 3 年
降水偏少 70％情景下 GDP 损失情况空间分布

图 11.29（二）　不考虑调水工程和大中型水库年末蓄水条件下连续 3 年
降水偏少 70％情景下 GDP 损失情况空间分布

图 11.30（二）　不考虑调水工程和大中型水库年末蓄水条件下连续 3 年
降水偏少 70％情景下粮食损失情况空间分布

第 12 章　特大干旱防御思路与对策建议

新中国成立 70 多年来，我国虽然经历了几次大的干旱，但是其规模和影响程度都不及历史极端大旱严重。水利部原副部长矫勇曾在 2015 年的水资源管理工作座谈会和 2016 年"水利的历史与未来"学术研讨会上指出，当今社会若再次遭遇类似 17 世纪 30—40 年代、18 世纪 70 年代的极端干旱事件，整个水资源、水库蓄水、地下水、经济社会需水、生态环境需水都将面临极大的挑战。目前，我国有关干旱的规划、标准、制度等大部分都是按照常规情况来考虑的，几乎没有考虑大范围、长历时的极端干旱事件发生的问题。通过对历史典型场次极端干旱事件以及设计特大干旱情景下的重演分析表明，在发生严重干旱灾害的第 1 年，现有工程体系可基本有效应对，但随着时间的推移，到了第 2 年以后，现有工程体系供水缺口显著增加，将造成严重的粮食减产和经济损失。因此，当遭遇大范围的跨年度的严重干旱时，现有水利工程和抗旱减灾体系仍难以有效应对。随着全球气候变化和人类活动影响的加剧，重特大干旱的发生频率、致灾强度和影响范围都在显著增大，多年持续严重干旱是水安全的巨大威胁，如何保障多年持续严重干旱期的水安全，对水管理者是巨大的挑战。

12.1　特大干旱防御总体思路

（1）深入挖潜、合理开源。基于特大干旱情形下极端水循环演变规律和机理，从流域、区域、泛流域、跨区域的角度，优化区域水资源配置格局，深入拓展现有水利工程体系的抗旱能力和功能，以合理增加地表水蓄水工程和连通工程的方式为重点进一步完善抗旱应急备用水源工程建设，保证生活、生产、生态用水可调、可控，力争将特大干旱的损失和影响降到最低。

（2）优化布局、规避风险。从各地水资源和水环境的承载能力出发，优化国土空间布局并实施生态修复，持续优化产业结构布局，不断提高用水效率和效益，建立科学合理的用水和消费模式，从源头上降低干旱灾害风险的暴露性和脆弱性，有效降低和规避特大干旱灾害的风险。

（3）节水优先、落实预案。节水是解决我国干旱缺水问题最根本、最有效的战略举措。要提高全民节水意识，努力减少水资源消耗，引导节约用水，动员全社会力量参与节水型社会建设；建立全社会共同珍惜水、保护水、节约水的良好氛围；制定特大干旱防御预案，确定不同区域特大干旱情形下生活用水保障定额、农业用水压缩和配置方案，重点工业用水保障方案。在特大干旱灾害发生时，确保全社会应对及时有序，确保灾区民众生活用水安全和社会稳定。

（4）科技支撑、健全法规。科技支撑能力是整体升级我国干旱灾害应对模式、增强应对能力的关键。在进一步突破监测技术体系、风险评估理论与方法、中长期预警预报理论与技术、应急水量配置与调度技术、旱灾风险综合调控应对技术等关键理论与技术的基础上，建立适合我国国情的特大干旱应对科技体系。与此同时，进一步建立健全法律法规与体制机制，使水旱灾害防御工作有法可依、有序进行。

12.2 特大干旱防御对策建议

12.2.1 充分挖掘现有水利工程抗旱潜力

现有水利工程是抗旱水源工程的重要组成部分，在干旱情形下，除继续发挥其供水任务外，部分具有抗旱功能的水利工程将进入应急状态，形成抗旱水源。最大限度地拓展和挖掘现有水利工程的抗旱功能和潜力，是有效提升区域综合抗旱能力的重要手段之一。

加强流域和区域水资源配置工程的联合调度，增加应急供水量。在特殊干旱情形下，加强不同水源和供水系统之间的沟通连接，构建联合调配的供水网络系统，统筹安排适当增加外区调入水量以及动用应急水源等措施，增加应急供水量。加强流域骨干水资源配置工程的左右岸、干支流、上下游之间的联合调度，特别是强化流域骨干水资源配置工程的供水调度，通过合理优化调度，最大限度增加干旱区域的供水量，保障特大干旱情形下的供水需要。

对常规水利工程采取非常规措施，进行应急管理。利用湖泊水库死库容、截潜流、适当超采地下水和开采深层承压水等非常规措施；利用常规供水工程在紧急情况下可动用的一切水量，增加特殊情形下的可供水量，最大限度保障干旱期间的最基本用水需求。制定特殊干旱情形下的常规水资源配置工程体系的特殊水资源配置方案和应急对策，对多种水源进行合理调配，增加特殊干旱情况下的供水量。

12.2.2 优化干旱灾害应对水利工程布局

全面加强城乡水利基础设施建设，提升水资源对经济社会发展的保障能力。在保护生态环境的前提下，建设一些大中型骨干水源工程，增强对水资源的调控能力，提高供水安全保障程度，按照"先节水后调水，先治污后通水，先环保后用水"的原则建设必要的跨流域和跨区域调水工程，提高缺水地区的水资源承载能力和供水保障能力，逐步完善流域和区域水资源调配体系，尽快完善国家宏观水资源配置格局。

加快推进全局性、战略性的水利工程建设，增加储水能力，完善干旱灾害防御工程体系。在中西部严重缺水地区建设一批重大调水、饮水安全工程和大型水库，夯实城乡抗旱基础设施，增强城乡供水和应急能力，推动区域协调发展；加快推进南水北调西线工程、古贤水库工程和引汉济渭工程规划与建设，增加外调水资源量，优化调配地表水资源，促进水网联通，实现丰枯调蓄、多源互补，减轻地下水供水负担；黄河上游山丘区增建水库，增加拦蓄能力，适时加固病险水库，同时对于上游引黄工程，优化引黄方案，增加沉沙蓄水能力，减少河道淤积。

12.2.3　补充建设抗旱应急备用水源工程体系

针对干旱灾害防御工作的新形势和新要求，以《全国抗旱规划》为基础，在充分挖掘现有水利工程抗旱潜力和全面加强工程抗旱应急联合调度的基础上，合理补充建设抗旱应急备用水源工程体系。

针对城市应急备用水源工程建设，应以构建多类型、多水源供水保障体系为目标，按照"先挖潜、再新建"的思路，合理确定应急备用水源格局，优先挖掘现有供水水源和水利工程的应急备用潜力，适当新增必要的应急备用水源，因地制宜选择现状工程挖潜、备用水源储备、水源联网、应急调水、非常规水增供、社会力量提供应急供水等不同类型的应急备用水源。鼓励有条件的地区推进城市间应急备用水源的共建、共保、共享。

结合我国近年来旱情旱灾特点和未来特大干旱防御需求，在梳理我国前期乡镇抗旱应急水源工程建设成果和效益的基础上，合理补充建设包括中小型水库、引提调水工程和抗旱应急备用井等方面乡镇抗旱应急水源工程，有效提升农村居民饮水和农业核心灌溉保障水平、重点生态基本用水需求，重点考虑特大干旱情形下以保障干旱期间的生活、生产和生态环境的最基本用水需求。

在加强推进抗旱应急水源工程建设的同时，加快农村"五小水利"工程建设，加强与大中型灌区续建配套与节水改造、农村饮水安全、小型农田水利建设等的统筹协调与有机衔接，形成合力，更加有效地应对和解决干旱缺水问题。

12.2.4　加强监测预报预警决策指挥能力

构建高级别和高质量的数据信息共享网络，打破信息资源的部门分割、地域分割与业务分割，建立部门内和部门间的信息资源共享机制，实现气象、水利、农业等方面的旱情信息的汇集和融合。强化水情旱情监测预警能力和水平，建立旱情监测评估分析常态化机制，推进江河湖库水文旱情预警工作；加强旱情监测预警综合平台建设，提升旱情大数据综合评估分析智能化水平；加强干旱中长期预报研究和应用，构建旱情预报预测业务化系统，预判不同气候变化情景及经济社会发展情景下的极端干旱风险，研究极端干旱风险下水资源-经济社会-生态环境协同应对策略，为国家防御干旱巨灾风险提供战略支撑。构建覆盖农业、城市、生态等多方面的包括旱情监测评估预警、旱情预测预报、旱灾风险评估、防御综合调控等涵盖干旱管理全过程的一体化、全链条的综合机制和业务化平台，为实现干旱灾害风险提供有效的信息化技术手段。

12.2.5　有效提升干旱灾害防御适应能力

持续优化产业结构布局。从各地水资源和水环境的承载能力出发，进行经济结构和产业布局的调整和优化，降低干旱灾害脆弱性。水资源缺乏的北方地区要提升产业结构，发展低耗水产业，适当减少粮食生产，从区外调入部分粮食，扭转目前南北粮食生产与水资源结构失衡的局面。特别是西北地区，第一产业比重高，大量的水资源消耗在粮食生产上，不利于解决该地区以水资源问题为核心的经济社会和生态环境问题。这些地区应优化产业结构，输出高效益水资源商品，输入本地没有足够水资源生产的粮食产品，以物流代替水流，与跨流域调水相结合，通过贸易的形式最终解决水资源短缺和粮食安全问题。对于严重缺水地区，要严格限制高耗水、高污染行业发展，限制盲目开荒和发展灌区。

全面提高用水效率和效益。建立科学合理的用水和消费模式，建立充分体现水资源紧缺状况、有利于促进节约用水的水价体系，制定取用水总量控制指标体系，完善行业用水定额，明确用水效率控制性指标，建立水功能区限制纳污制度，发展节水型农业、工业和服务业，提高水资源的利用效率和效益。①农业方面，优化作物种植结构，加强田间用水的管理，推广田间节水技术，改变大水漫灌的方式，因地制宜发展高效节水农业、旱作农业和生态农业；②工业方面，制定和落实有关激励与约束政策，引导和促进工业节水，改进生产工艺，推行清洁生产，严格控制入河湖排污总量；③城市生活方面，加强城市用水管理，加强管网改造，减少"跑冒滴漏"，加大生活节水器具的推广使用，提高再生水利用率。

12.2.6　强化极端干旱粮食和地下水储备

在全球气候变化背景下，未来有可能发生极端干旱事件，若不及早改变被动应急抗旱的局面，将有可能威胁到人类的生存与社会的稳定。因此，为防患于未然，避免极端干旱带来灾难性后果，非常有必要实施备灾战略措施，包括加强粮食战略储备和建立地下水战略储备。

粮食是关系国计民生的重要商品，随着人口增加，中国粮食消费呈刚性增长，同时，粮食持续增产的难度加大，国际市场调剂余缺的空间越来越小。虽然我国已经建立较为完整的粮食储备体系，但面向未来可能发生的极端干旱，应从最坏处着想，作充分准备，积极备荒。因此，要坚持实行最严格的耕地保护制度，坚守 18 亿亩耕地红线不动摇。加强江河治理、水源工程建设、灌区续建配套与节水改造、中低产田改造等，解决好中国粮食安全面临的用水问题。进一步完善中央战略专项储备与调节周转储备相结合、中央储备与地方储备相结合、政府储备与企业商业最低库存相结合的多元化粮油储备调控体系。完善粮食省长负责制，增强粮食主销区省份保障粮食安全的责任。改进储存技术，鼓励储粮于民、储粮于地。

当遭遇极端干旱时，可用的地表水资源和浅层地下水往往已经消耗殆尽，此时，地下水显得尤为重要，可用以维持大旱期间基本的生活与生产用水需求。在北方地区首先要停止地下水过度开采，逐步恢复地下水水位，设置地下水水位保护红线，形成"地下水银行"。在平时不允许地下水位低于红线，干旱期过后应迅速恢复水位。南方地区除了加强地表水利工程建设外，还应根据社区人口与环境状况，提前勘测地下水源，建好取水口，但平时则封存不动，避免出现大旱期间临时找水、打井的被动应急局面。

12.2.7　健全干旱灾害防御法规预案体系

为了构建干旱管理法制化体系，将政府的有效管理、全社会的共同参与、防旱抗旱减灾管理纳入法律规范下，提高全社会对干旱灾害尤其是严重乃至极端干旱灾害的防御能力、承受能力、应急反应与恢复重建能力，有效预防和减轻干旱灾害造成的影响和损失。因此，为了适应新形势下我国干旱灾害防御和有效应对特大干旱的最新要求，应尽快推动《防旱抗旱法》的制订工作。《防旱抗旱法》应坚持防旱、抗旱与灾后重建的连贯统一，要抗旱更要注重防旱，充分体现旱灾风险全过程、全时段管理的理念；应涵盖旱前预防、旱中应对、旱后恢复，力求内容有针对性、有操作性。

制定特大干旱防御预案。未雨绸缪,立足于应对未来可能发生的特大干旱,全国和各级政府应制定特大干旱防御预案,确定不同区域特大干旱情形下生活用水保障定额、农业用水压缩和配置方案、重点工业用水保障方案,在特大干旱灾害发生时,确保全社会应对及时有序,确保灾区民众生活用水安全和社会稳定。

参 考 文 献

[1] EDDY, J A. THE PAGES PROJECT: Proposed Implementation Plans for Research Activities [R]. IGBP Report No. 19 Stockholm, 1992: 112.

[2] DUPLESSY, J C, OVERPECK J. The PAGES/CLIVAR intersection: Providing Paleo-climatic Perspective Needed to Understand Climate Variability and Predictability [R]. Coordinated Research Objectives of the IGBP and WCRP Programs, Venice, Italy. 1994, 13 - 40.

[3] GE Q S, ZHENG J Y, HAO Z X, et al. Recent advances on reconstruction of climate and extreme events in China for the past 2000 years [J]. Journal of Geographical Sciences, 2016, 26 (7): 827 - 854.

[4] 王亚军, 李明启. 中国利用树轮资料重建干湿变化研究进展 [J]. 地理科学进展, 2016, 35 (11): 1397 - 1410.

[5] 刘禹, 马利民. 树轮宽度对近 376 年呼和浩特季节降水重建 [J]. 科学通报, 1999, 44 (18): 1986 - 1991.

[6] 包光, 刘禹, 刘娜. 内蒙古呼伦贝尔地区伊敏河过去 135 年以来年径流总量的树轮重建 [J]. 科学通报, 2013, 58 (12): 1147 - 1157.

[7] 勾晓华, 邓洋, 陈发虎, 等. 黄河上游过去 1234 年流量的树轮重建与变化特征分析 [J]. 科学通报, 2010, 55 (33): 3236 - 3243.

[8] 勾晓华, 杨涛, 高琳琳, 等. 树轮记录的青藏高原东南部过去 457 年降水变化历史 [J]. 科学通报, 2013, 58 (11): 978 - 985.

[9] YANG B, QIN C, BRAUNING A, et al. Rainfall history for the Hexi Corridor in the arid north - west China during the past 620 years derived from tree rings [J]. International Journal of Climatology, 2011, 31: 1166 - 1176.

[10] FANG K, PENG J, ZHANG Y, et al. A 1232 years tree - ring record of climate variability in the Qilian Mountains, northwestern China [J]. International Association of Wood Anatomists, 2009, 30 (4): 407 - 420.

[11] ZHANG Y, TIAN Q, GOU X, et al. Annual precipitation reconstruction since A. D. 775 based on tree rings from the Qilian Mountains, northwestern China [J]. International Journal of Climatology, 2011, 31: 371 - 381.

[12] 田沁花, 周秀骥, 勾晓华, 等. 祁连山中部近 500 年来降水重建序列分析 [J]. 中国科学: 地球科学, 2012, 42 (4): 536 - 544.

[13] 姚檀栋, 焦克勤, 杨梅学. 古里雅冰芯中过去 400a 降水变化研究 [J]. 自然科学进展: 国家重点实验室通讯, 1999 (A12): 1161 - 1165.

[14] 刘敬华, 张平中, 孟彩红, 等. 季风区边缘近 500 年的降水变化特征 [J]. 地理科学, 2011, 31 (4): 401 - 407.

[15] 姜修洋, 李志忠, 李金全, 等. 最近 500 年来福建玉华洞石笋氧同位素记录及气候

意义［J］. 地理科学，2012，32（2）：207-212.

[16] TAN L，CAI Y，HAI C，et al. Summer monsoon precipitation variations in central China over the past 750 years derived from a high - resolution absoluted - dated stalag-mite［J］. Palae ogeography Palaeoclimatology Palaeoecology，2009，280（3 - 4）：432-439.

[17] 王涛. 近 400 年我国北方地区降水重建与多尺度变化规律研究［D］. 南京：南京信息工程大学，2015.

[18] 杨煜达，韩健夫. 历史时期极端气候事件的甄别方法研究——以西北千年旱灾序列为例［J］. 历史地理，2014（2）：10-29.

[19] 汤仲鑫. 保定地区近五百年旱涝相对集中区分析［M］//气候变化和超长期预报文集. 北京：科学出版社，1977.

[20] 中央气象局. 北京 250 年降水［R］. 北京：中央气象局，1975.

[21] 张德二，刘传志.《中国近 500 年旱涝分布图集》续补（1980—1992 年）［J］. 气象，1993（11）：41-45.

[22] 张德二，李小泉，梁有叶.《中国近五百年旱涝分布图集》的再续补（1993—2000 年）［J］. 应用气象学报，2003（3）：379-388.

[23] 林振山，卞维林，金龙，等. 中国旱涝史料的层次分析［J］. 气象学报，1999，57（1）：112-120.

[24] 张健，满志敏，肖薇薇，等. 1644—2009 年黄河中游旱涝序列重建与特征诊断［J］. 地理研究，2013，32（9）：1579-1590.

[25] 毕硕本，蒋婷婷，钱育君，等. 1470—1912 年西北东部地区极端干旱事件的原及分形特征研究［J］. 干旱区地理，2017，40（2）：248-256.

[26] 张家诚，张先恭，许协江. 中国近五百年的旱涝［M］//气象科学技术集刊. 北京：气象出版社，1983.

[27] 郑斯中，张福春，龚高法. 我国东南地区近两千年气候湿润状况的变化［M］//气候变化和超长期预报文集. 北京：科学出版社，1997.

[28] 郑景云，张丕远，周玉孚. 利用旱涝县次建立历史时期旱涝指数序列的试验［J］. 地理研究，1993，12（8）：1-9.

[29] 兰宇，郝志新，郑景云. 1724 年以来北京地区雨季逐月降水序列的重建与分析［J］. 中国历史地理论丛，2015，30（2）：41-46，55.

[30] 王洪波，韩光辉，杨冉冉. 保定地区 1368—1911 年旱涝序列重建与特征分析［J］. 干旱区资源与环境，2016，30（7）：144-150.

[31] 张德二，刘月巍. 北京清代"晴雨录"降水记录的再研究——应用多因子回归方法重建北京（1724—1904 年）降水量序列［J］. 第四纪研究，2002，22（3）：199-208.

[32] 张德二，王宝贯. 用清代《晴雨录》资料复原 18 世纪南京、苏州、杭州三地夏季月降水量序列的研究［J］. 应用气象学报，1990（3）：260-270.

[33] 郑景云，郝志新，葛全胜. 山东 1736 年来逐季降水重建及其初步分析［J］. 气候与环境研究，2004，9（4）：551-566.

[34] 郝志新，郑景云，葛全胜. 1736 年以来西安气候变化与农业收成的相关分析［J］. 地理学报，2003，58（5）：735-742.

[35] 伍凤国，郝志新，郑景云. 1736 年以来南京逐季降水量的重建及变化特征［J］. 地理

科学，2010，30（6）：936 - 941.

［36］ 郑景云，郝志新，葛全胜 . 黄河中下游地区过去 300 年降水变化 ［J］. 中国科学，2005，35（8）：765 - 774.

［37］ 郝志新 . 黄河中下游地区近 300 年降水序列重建及分析 ［J］. 研究生部，2005.

［38］ 陈玉琼 . 近 500 年华北地区最严重的干旱及其影响 ［J］. 气象，1991（3）：17 - 21.

［39］ 谭徐明 . 近 500 年我国特大旱灾的研究 ［J］. 防灾减灾工程学报，2003（2）：77 - 83.

［40］ 王强 . 极端大旱年景下我国的粮食安全评估——以崇祯大旱为例 ［D］. 北京：北京师范大学，2009.

［41］ 张德二，梁有叶 . 1876—1878 年中国大范围持续干旱事件 ［J］. 气候变化研究进展，2010，6（2）：106 - 112.

［42］ 满志敏 . 光绪三年北方大旱的气候背景 ［J］. 复旦学报，2000（6）：28 - 35.

［43］ 中国水利水电科学研究院 . 历史大旱及典型场次旱灾水文特性复原研究 ［R］. 2014.

［44］ H D，HISTOIRE D. Foundataines Publique de Dijon ［J］Paris：Dalmont，1856，590 - 594.

［45］ RICHARDS L A. Capillary conduction of liquids in porous mediums. Physics 1：318 - 333 ［J］. Physics，1931，1（5）：318 - 333.

［46］ 丁之江 . 陆地水文学（第三版）［M］. 北京：水利电力出版社，1992.

［47］ 黄锡荃，李惠明，金伯欣 . 水文学 ［M］. 北京：高等教育出版社，1992.

［48］ 刘昌明，任鸿遵 . 水量转换 ［M］. 北京：科学出版社，1988.

［49］ 雷志栋，杨诗秀，谢森传 . 土壤水动力学 ［M］. 北京：清华大学出版社，1988.

［50］ MEIN R G，LARSON C L. Modeling infiltration during a steady rain ［J］. Water Resources Res，1973.

［51］ SHU，TUNG，CHU. Infiltration during an unsteady rain ［J］. Water Resources Research，1978.

［52］ 王全九，叶海燕，史晓南，等 . 土壤初始含水量对微咸水入渗特征影响 ［J］. 水土保持学报，2004（1）：51 - 53.

［53］ HAWKE R M，PRICE A G，BRYAN R B. The effect of initial soil water content and rainfall intensity on near - surface soil hydrologic conductivity：A laboratory investigation ［J］. Catena，2006，65（3）：0 - 246.

［54］ 左大康，李昌明，等. 华北平原水量平衡与南水北调研究文集 ［M］. 北京：科学出版社，1985.

［55］ 山西省土壤普查办公室 . 山西土壤 ［M］. 北京：科学出版社，1992.

［56］ 李哲，吕娟，屈艳萍，等 . 清光绪初年山西极端干旱事件重建与分析 ［J］. 中国水利水电科学研究院学报，2019，17（6）：459 - 469.

［57］ 戴礼云，车涛 . 1999—2008 年中国地区雪密度的时空分布及其影响特征 ［J］. 冰川冻土，2010，32（5）：861 - 866.

［58］ LIANG X，LETTENMAIER D P，Wood E F，et al. A simple hydrologically based model of land surface water and energy fluxes for general circulation models ［J］. Journal of Geophysical Research，1994，99（D7）：14415.

［59］ TODINI，E. The ARNO rainfall - runoff model ［J］. Journal of Hydrology Amsterdam，1996.

[60]　LIANG X，LETTENMAIER D P，WOOD E F．One－dimensional statistical dy-
　　　namic representation of subgrid spatial variability of precipitation in the two－layer
　　　variable infiltration capacity model [J]. Journal of Geophysical Research，1996，101
　　　(D16)：21403.

[61]　Shepard，D S，Computer Mapping：The SYMAP Interpolation Algorithm [J]. Spatial
　　　Statistics & Models，1984 (40)：133－145.

[62]　HANSEN M C，DEFRIES R S，TOWNSHEND J，et al. Global land cover classifica-
　　　tion at 1km spatial resolution using a classification tree approach [J]. Internutional
　　　Journal of Remote Sensing，2000，21 (6－7)：1331－1364.

[63]　ZHANG X J，TANG Q，PAN M，et al. A long－term land surface hydrologic fluxes and
　　　states dataset for China [J]. Journal of Hydrometeorology，2014，15 (5)，2067－2084.

[64]　YAPO P O，GUPTA H V，SOROOSHIAN S．Multi－objective global optimization
　　　for hydrologic models [J]. 1998，204 (1－4)：0－97.

[65]　中华人民共和国国家质量监督检验检疫总局，中国国家标准化管理委员会、气象干
　　　旱等级：GB/T 20481—2017 [S]. 北京：北京标准出版社，2017.

[66]　水利部水利信息中心. 水文情报预报规范：SL 250—2000 [S]. 北京：中国水利水电
　　　出版社，2000.

[67]　MO K C，LETTENMAIER D P．Objective Drought Classification Using Multiple
　　　Land Surface Models [J]. Journal of Hydrometeorology，2014，15 (3)：990－1010.

[68]　冯绍元，丁跃元，姚彬. 用人工降雨和数值模拟方法研究降雨入渗规律 [J]. 水利
　　　学报，1998 (11)：18－21，26.

[69]　孙菽芬. 降雨条件下土壤入渗的规律研究 [J]. 土壤学报，1988，25 (2)：
　　　119－124.

[70]　汪志荣，王文焰，王全九，等. 间歇供水条件下 Green－Ampt 模型 [J]. 西北水资
　　　源与水工程，1998 (3)：8－11.

[71]　郭向红，孙西欢，马娟娟，等. 不同入渗水头条件下的 Green－Ampt 模型 [J]. 农
　　　业工程学报，2010，26 (3)：64－68.

[72]　毛丽丽，雷廷武，刘汗，等. 用水平土柱和修正的 Green－Ampt 模型确定土壤的入
　　　渗性能 [J]. 农业工程学报，2009，25 (11)：35－38.

[73]　沈晋，王文焰. 动力水文实验研究 [M]. 西安：陕西科学技术出版社，1991.

[74]　王文焰，汪志荣，王全九，等. 黄土中 Green－Ampt 入渗模型的改进与验证 [J].
　　　水利学报，2003 (5)：30－34.

[75]　李泳霖，王仰仁，孙小平，等. 基于湿润区分层假定对 Green－Ampt 模型的改进
　　　[J]. 天津农学院学报，2018，25 (3)：82－87.

[76]　BRYANT E. Natural Hazards [M]. New York：Cambridge University Press，2004.

[77]　MISHRA A K，SINGH V P. A review of drought concepts [J]. Journal of Hydrolo-
　　　gy，2010，391 (1－2)：202－216.

[78]　YANG J，GONG D，WANG W，et al. Extreme drought event of 2009/2010 over
　　　southwestern China [J]. Meteorology & Atmospheric Physics，2012，115 (3－4)：
　　　173－184.

［79］ 水利部水利水电规划设计总院．中国抗旱战略研究［M］．北京：中国水利水电出版社，2008.

［80］ 屈艳萍，吕娟，张伟兵，等．中国历史极端干旱研究进展［J］．水科学进展，2018，29（2）：283-292.

［81］ 水利部．全国抗旱规划［R］．北京：水利部，2011.

［82］ 矫勇．以史为鉴，谈谈国家水安全问题［Z］．2016.

［83］ 张建云，王国庆．气候变化对水文水资源影响研究［M］．北京：科学出版社，2007.

［84］ 吕娟，苏志诚，屈艳萍．抗旱减灾研究回顾与展望［J］．中国水利水电科学研究院学报，2018，16（5）：437-441.

［85］ 屈艳萍，吕娟，苏志诚，等．抗旱减灾研究综述及展望［J］．水利学报，2018，49（1）：115-125.

［86］ 吕娟．我国干旱问题及干旱灾害管理思路转变［J］．中国水利，2013（8）：7-13.

［87］ 屈艳萍．旱灾风险评估理论及技术研究［D］．北京：中国水利水电科学研究院，2018.

［88］ 荣艳淑．大范围气候变化与华北干旱研究［D］．南京：南京信息工程大学，2004.

［89］ 葛全胜，张丕远．历史文献中气候信息的评价［J］．地理学报，1990（1）：22-30.

［90］ 中央气象局气象科学研究院．中国近五百年旱涝分布图集［M］．北京：地图出版社，1981.

［91］ 于淑秋，林学椿．黄河中游地区近522年旱涝突变［J］．应用气象学报，1996（1）：89-95.

［92］ 施宁．宁苏扬地区500多年来的旱涝趋势及近期演变特征［J］．气象科学，1998（1）：28-34.

［93］ 王文鑫，胡先学．过去500年海河流域旱涝变化规律［J］．南水北调与水利科技，2017，15（4）：34-38，64.

［94］ 李宗慈．关于历史时期旱涝灾害研究方法的几点认识［J］．黑河学刊，2011（11）：59-60.

［95］ 董虹廷．"丁戊奇荒"对山西人口素质的影响［J］．防灾科技学院学报，2019，21（1）：97-102.

［96］ 郝志新，郑景云，伍国凤，等．1876—1878年华北大旱：史实、影响及气候背景［J］．科学通报，2010，55（23）：2321-2328.

［97］ 何汉威．光绪初年（1876—1879年）华北的大旱灾［M］．香港：香港中文大学出版社，1980.

［98］ 曾早早，方修琦，叶瑜，等．中国近300年来3次大旱灾的灾情及原因比较［J］．灾害学，2009，24（2）：116-122.

［99］ 赫平．丁戊奇荒 光绪初年山西灾荒与救济研究［M］．北京：北京大学出版社，2012.

［100］山西省水利厅水旱灾害编委会．山西水旱灾害［M］．郑州：黄河水利出版社，1996.

［101］山西省水利厅．山西省水资源公报2018［R］．（2019-12-1）［2021-8-5］．http://slt.shanxi.gov.cn/zncs/szyc/szygb/202003/P02021110975 7126440199.pdf

［102］山西省统计局，国家统计局山西调查总队．山西省2019年国民经济和社会发展统

计公报 [R]. (2020 - 3 - 6) [2021 - 8 - 5]. http：//www. shanxi. gov. cn/sj/sjjd/
202003/t20200309 _ 768836. shtml

[103] 王佳，韩军青. 山西明清时期旱灾统计及区域特征分析 [J]. 宁夏大学学报（自然
科学版），2015，36（1）：87 - 91.

[104] 穆奎臣. 清代雨雪折奏制度考略 [J]. 社会科学战线，2011（11）：103 - 110.

[105] 水利史研究室. 水利史研究室五十周年学术论文集 [M]. 北京：水利电力出版
社，1986.